illustrated by ヒライユキオ

漫畫戰略兵法 現代用兵思想入門

目錄

漫畫：ヒライユキオ／插圖：湖湘七巳

登場人物

瑪莉妲
來自魔法國度的魔法陸戰隊員。於本書主要扮演我軍指揮官。

娜伊薇
才色兼備的海軍少女。為本書的說明官。

艾米
為了取得公民權而加入陸軍的犬耳妹。於本書主要擔任大頭兵。

三花上校
自稱戰術天才的貓耳傭兵隊長。於本書率領麾下貓耳部隊扮演敵軍。

前言

本書為之前出版的《漫畫戰略兵法 近代用兵思想入門》續集。

上集的《近代篇》收錄範圍是從拿破崙時代的克勞塞維茨與約米尼，到第二次世界大戰德軍發動「閃電戰」時的用兵思想。

至於這本《現代篇》，主要則是囊括對現代各主要國家軍隊用兵思想造成直接影響的蘇軍「作戰術」、冷戰時代美國陸軍採用的「空地作戰」，以及美國陸戰隊幾乎在同一時期採用的「機動作戰」，另外還有堪稱最新用兵思想的俄軍「混合戰」與美軍「多領域作戰」等。

然而，這些新的用兵思想其實也都是建立在過去克勞塞維茨、約米尼等基礎之上，因此若想更加深入理解本書，就得先讀懂上集收錄的過去用兵思想。為了讓讀者能夠快速了解現代用兵思想的梗概，在此仍以最低限度篇幅彙整上集內容，若想進一步了解，敬請參閱上集。

另外，在上集也有提過，本書優先著重以簡單扼要的方式傳達概略全貌以及必須掌握的定論，因此在說明時會先講求易懂性，對於異說與新說也多半省略不提，敬請見諒。

此外，即便有最新研究對文中所述內容提出不同見解，在此仍會以當時觀點進行記述。之所以會這麼做，是因為之後的用兵思想是依當時觀點進行發展，因此若跳過當時的見解，就很難理解之後用兵思想的發展脈絡。有鑑於此，若想針對過去事實進行探究，請另行參閱以檢證相關事實作為主題的研究書籍。

前言寫得落落長，以下就讓我們先來看看上集的總結，進入正題吧。

田村尚也

何謂用兵思想？

在本書當中，將其定義為「調兵遣將的相關思想」，也就是與戰爭打法以及軍隊用法有關的各種概念之總稱。

何謂準則？

軍語中的「準則」，指的是該軍隊的裝備與編制、教育與訓練、指揮官的思考與下達決心的框架，是構成指揮的基礎，為軍方高層認可，於軍隊內部廣泛認知的軍事行動方針基本原則。準則會形諸「教範」等文件，現代軍隊依據教範進行教育、訓練，並按照本軍準則從事作戰。

約米尼的用兵思想

拿破崙時代的用兵思想家安托萬-亨利·約米尼（1779～1869）主張戰爭具有「不變原則」。現代以英語 為主的軍事準則中記載的「作戰原則」，就是遵循約米尼的想法。

克勞塞維茨的用兵思想

卡爾·馮·克勞塞維茨（1780～1831）是與約米尼幾乎同時代的用兵思想家，但他的主張與約米尼背道而馳，認為戰爭是一種複雜現象，並無「絕對原則」。戰場情報的不確實性（戰爭迷霧）、官兵的過失與天候劇變等事前難以確實預測的事象，以及偶發性的事象，都會對指揮官下達決心與部隊行動造成影響，這種概念會歸納為「摩擦」。即使是在現代，「戰爭迷霧」與「摩擦」概念仍舊有效。

何謂準則

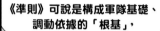

《準則》可說是構成軍隊基礎、調動依據的「根基」，

各國會將其形諸《教範》。

準則：共同認知的軍事行動方針

如何作戰？
如何指揮？

基於準則進行教育、訓練，實現組織的統一指揮、命令

要以機動力
來翻弄敵軍

若要打機動戰…
就得削減速度慢的步兵部隊，增加戰車與裝甲車

選擇武器，
決定編裝！

為了基於準則從事作戰，必須選用最適合的裝備與人員配置

另外，克勞塞維茨認為戰爭只是達成政治目的的手段，這與現代「文人領軍」的想法也具有共通性。

毛奇的用兵思想

19世紀後半擔任普魯士王國陸軍參謀總長的赫爾穆特·卡爾·貝恩哈特·馮·毛奇（1800～91，又稱老毛奇），充分活用鐵路與電信等工業革命成果，領導德國統一戰爭（1864～71年[※1]），是促成德國統一的功臣。在這時代，與縝密鐵路時刻表密切配合的戰爭計畫（動員與開進計畫）成為不可或缺的要項，參謀本部作為立案組織，重要性變得相當高。

另外，毛奇也正式採用上級指揮官將權限授予下級指揮官的「任務式指揮」，藉此應付「戰爭迷霧」、減輕「摩擦」，比較能夠臨機應變。現代的美國陸軍，也將貫徹任務式指揮（mission command）視為重要課題。

施里芬的用兵思想

在毛奇退役並過世之前接任普魯士王國陸軍參謀總長（實質上是德意志帝國的陸軍參謀總長[※2]）的阿爾弗雷德·馮·施里芬（1833～1913），投注心力制定「施里芬計畫」，以讓德國能在面對西邊的法國與東邊的俄羅斯進行兩面作戰時於短期取得全面勝利。然而，這個計畫對於「戰爭迷霧」與「摩擦」的考量卻有欠周慮。

1914年爆發第一次世界大戰後，德軍由施里芬的後任參謀總長赫爾姆特·約翰內斯·路德維希·馮·毛奇（1848～1916年，又稱小毛奇）實行經過修正的「施里芬計畫」，但短期決戰卻告失敗。開戰初期調動幅度較大的「運動戰」轉變為調動較小的「陣地戰」，以西部戰線為中心，陷入膠着狀態的塹壕戰。

近代用兵思想的兩大潮流與「任務式指揮」

18世紀
出現了2位用兵思想家

打勝仗的方法…

**應該具有
不變原則！**

約米尼（1779～1869）

戰爭是複雜的，
會發生各種事情。應該會
出現意想不到的狀況…

並沒有絕對原則！

克勞塞維茨（1780～1831）

2人背道而馳的想法，是近代
用兵思想的兩大潮流

到了19世紀，戰爭規模越擴越
大，全靠最高指揮官下達所有判斷
變得相當困難

為了對於各種出乎意料的狀況
臨機應變，必須授予現場指揮官
裁量權…

**交由現場
判斷決定！**

請交給
我們吧！

毛奇（1800～91）

毛奇採用了「任務式指揮」，讓
基層指揮官能在高階指揮官的
「意圖」範圍內自進裁量判斷。

砲兵戰術與步兵小部隊戰術的發展

塹壕戰讓人見識到機槍的威猛，且陣地防禦戰術與砲兵戰術也隨之發達。德軍的砲兵指揮官格奧爾格・布呂赫穆勒（1863～1948）取代之前的「破壞」，確立以「制壓」為主要目的的砲兵戰術。

另外，能伴隨步槍兵攻擊前進的輕機槍也開始普及，發展出法軍的「戰鬥群戰法」與德軍的「滲透戰術」等小部隊戰術。特別是德軍的小部隊基層指揮官，他們也被賦予自主裁量權，必須具備戰術判斷能力。

此外，小部隊的基層指揮官也會進一步下放權限，使決心下達的迴圈能夠縮小，加快運作節奏，藉此提升決心下達速度以確保優勢，這樣的觀念對於現代用兵思想也造成極大影響。

裝甲戰術的發展

第一次世界大戰期間，英軍推出了近代型戰車（坦克）。這款菱形重戰車在「索姆河戰役」首次投入實戰，並於接下來的「康布雷戰役」集中投入，大幅深入敵軍陣地，但後續的騎兵部隊卻未能成功擴張戰果。

接著，英軍又推出速度較快的Mk.A惠比特中戰車，參與「亞眠戰役」，協同裝甲車擴張戰果。另外，英國戰車軍團參謀長約翰・弗雷德里克・查爾斯・富勒（1878～1966）曾於大戰末期提出以戰車大部隊作為主力的大規模攻勢作戰「1919計畫」，但在實行之前大戰便告結束。

受到富勒用兵思想影響的德軍海因茲・古德林（1888～1954）等人，提倡以快速戰車部隊作為主力組建裝甲師。德軍以裝甲師作為核心發動「閃電戰」，在第二次世界大戰迅速擊敗法國，並

於德蘇戰初期重創蘇軍。然而，德軍卻沒能在短期之內打倒蘇聯，最終導致敗北。

德軍裝甲師運用高機動力與快節奏作戰的戰法，在冷戰時期由美軍的「空地作戰」準則繼承。

【註釋】

※1：德國統一戰爭是將德國帶向統一的3場戰爭之總稱，包括第二次什勒斯維希戰爭（1864）、普奧戰爭（1866）、普法戰爭（1870～71）。

※2：1871年德國統一後誕生的德意志帝國，是由多個諸侯國與都市構成，促成統一的普魯士王國則處於領導地位。

第1課

蘇軍的作戰術

戰爭的階層構造─戰略、作戰術、戰術

誕生於蘇聯的作戰術

現代用兵思想一般會將戰爭整體區分為宏觀視野的「戰略層級」、中間視野的「作戰層級」，以及微觀視野的「戰術層級」這3個階層。至於各階層的謀策，在「戰略層級」稱為「戰略」、「作戰層級」稱為「作戰術」、「戰術層級」則稱為戰術（會於後文詳述）。

其中作戰術（operational art）是在第二次世界大戰之前才由蘇聯首次形諸文字，屬於比較新的概念。而「作戰術」這個概念，除了是過去蘇軍與現代俄軍的準則，也對包含美軍在內的現代世界各主要國家軍隊準則帶來很大影響。

本書第1課，就要針對這個「作戰術」來進行解說。

戰略與戰術的定義

在講作戰術之前，首先要說明一下「戰爭的階層構造」。

前面也有提過，現代的用兵思想會將戰爭整體區分為「戰略層級」、「作戰層級」、「戰術層級」3個階層，各階層的謀策一般稱作「戰略」、「作戰術」、「戰術」。

其中「戰略」與「戰術」是在拿破崙時代由普魯士軍官迪特里希·馮·比洛（1757～1807）將其意義區分明確。具體而言，軍事行動可分為「戰略」與「戰術」兩大類；「戰略」的定義是「位於敵軍火砲射程外或視野外的所有軍事行動」，「戰術」則為「該範圍內的所有行動」。也就是說，可將其歸納為宏觀的「戰略」

◆ 戰爭的階層構造

戰略層級

作戰層級（作戰術）

戰術層級

「作戰術」是由第二次世界大戰前的蘇聯
所創造的辭彙，是一種比較新的概念。
第1課會針對這個「作戰術」進行解說

與微觀的「戰術」兩個階層。然而，按照比洛的定義，「戰略」
與「戰術」是以火砲射程與視野範圍等物理距離作為區分基
準，差別僅止於規模大小。

　　然而，稍後出現的用兵思想家克勞塞維茨（參照上集總結），卻
是將為了達成戰爭目的而從事的戰鬥定義為「戰略」，於戰鬥中
運用兵力的手段稱為「戰術」。

　　依據克勞塞維茨的定義，戰略的最終目的，在於與敵人以有利
條件和談。有鑑於此，戰場上的勝利，只有在能對締結和約這項
戰略「目的」帶來效果時，才具備戰略「手段」上的意義（反過

戰略與戰術①

拿破崙戰爭時代，普魯士軍官迪特里希‧馮‧比洛（1775～1807）以「距離」區分戰略與戰術

大砲射程外
向戰場移動＝**戰略**

大砲射程內
如何在戰場打仗＝**戰術**

然而，軍事思想家克勞塞維茨則是以「性質」加以區分

在這片平原擊敗敵方戰力，剝奪敵軍續戰能力

何謂**戰略**
為達成戰爭目的而從事的戰鬥

咱們騎兵隊要繞過這座山丘，朝敵軍側面突擊！

何謂**戰術**
於戰鬥中運用兵力的手段

來說，有些戰場上的勝利對達成戰略目的其實並無幫助，須得注意）。總而言之，這種概念想表達的就是「「戰術」僅是為了達成「戰略」目的的手段」。

如此一來，即便在微觀層級的戰術上積累勝利，也不見得一定就能在宏觀的戰略層級上獲勝（實例將於後文敘述）。之所以會這樣，是因為有些戰術上的勝利並不會對達成戰略目的有幫助。戰場上的勝利，僅在能對達成戰略目的帶來效果時，才具有戰略「手段」上的意義。此即為克勞塞維茨的想法。

規模的大小與性質上的差異

即便是現代用兵思想，「戰略」與「戰術」的差異也非取決於規模大小（量），基本上是與前述克勞塞維茨的定義相同，以性

◆「戰術」是為了達成「戰略」目的的手段

戰略目的

戰場上的勝利，只有能對戰略目的（有利和談）做出貢獻時，才具備戰略上的意義！

質上的差異（質）進行區別。舉例來說，足以對達成戰略目的直接造成大幅影響的決心下達屬於「戰略」層級，決定小部隊配置與其相關命令等細項則屬於「戰術」層級（中間層級的「作戰術」會在後文敘述）。

若要舉更具體的例子，第二次世界大戰期間，盟軍出動第21集團軍群登陸法國北部的諾曼第海灘（包含空降部隊在內，首日投送兵力約有16萬人），這個決心下達屬於「戰略」層級。萬一這場作戰失敗，被德軍反擊趕回海上，對於達成打倒德國的同盟國戰略目的就會造成重大影響。

至於登陸灘頭的美軍步兵排（編制員額為41人）該如何攻擊眼前的德軍機槍碉堡，這種決心下達就屬於「戰術」層級。因為不管這個步兵排採取何種行動，對於達成戰略目的都不會直接造成大幅影響。

若只看這個例子，可能會覺得「戰略」與「戰術」的區分，不也就是取決於部隊規模大小。

然而，於第二次世界大戰末期使用的原子彈，單1顆就擁有足以摧毀敵國首都的威力。掛載原子彈的轟炸機，即便只有1架，也能對達成戰略目的直接造成大幅影響。有鑑於此，如何使用

掛載原子彈的轟炸機，即便下達決心後只會派出1架，也仍屬於「戰略」層級（附帶一提，像這種用於「戰略」層級的轟炸機，會稱作「戰略轟炸機」）。

進一步來說，下達研製原子彈的決心，對於達成戰略目的也會帶來直接影響，因此屬於「戰略」層級。另外，對於原子彈以及製造時會用到的重水（比重大於一般的水），建設（或是破壞）其製造工廠也都明顯屬於「戰略」層級事項，決非只是「戰術」層級。

附帶一提，第二次世界大戰期間，英國曾派遣小規模特種部隊

戰略與戰術②

現代的「戰略」與「戰術」並非取決於規模大小（量），而是由性質差異（質）來區別喔！

舉例來說，假設這裡有10名士兵，就算同為10人，

依據任務的「質」，其所扮演的角色既能是「戰略」層級，也可以是「戰術」層級喔！

攻擊機槍陣地，掩護我方排組移動！

這就是「戰術」

終於逮到國際恐怖組織的首領了！

對於達成國家戰略目標帶來大幅影響的行動，

這就是「戰略」。

「作戰術」誕生的背景－戰爭規模的擴大

過去大多會由單一「決定性會戰」分出戰爭勝負

就靠這場仗一決勝負！

擊敗敵軍主力，決定戰爭趨勢！

哎呀呀…

然而，19世紀以降，隨著動員人數增加與戰場區域擴大，這種狀況開始起了變化

在這裡展開會戰！

哇！

有新的攻勢！

在別的正面也發動攻勢！

在廣闊的正面戰線會展開多支部隊，很難只靠單一「決定性會戰」影響戰爭趨勢。

潛入遭德國占領的挪威重水工廠進行破壞。即便他們只是一支班規模（10人左右）的小部隊，但若能對達成戰略目的造成直接影響，那也算是「戰略」層級。反之，若將這支特種部隊投入一般地面戰鬥，讓他們去摧毀敵方機槍陣地，那就只是「戰術」層級的事情了。

如同這些實例，「戰略」與「戰術」的區分，並不在於規模大小（量），而是取決於性質差異（質）。

不成立決定性會戰

前面說了一大堆，以下終於要進入正題，來看看蘇聯／俄羅斯是如何成立作戰術。

與作戰術有關的其中一個問題，是「決定性會戰該如何成立」這個命題。將時代往前回溯，在拿破崙戰爭與德國統一戰爭時期，打贏決定整場戰爭勝負的關鍵戰役，於決定性會戰（決戰）取勝的一方，便能贏得整場戰爭。以實例來看，拿破崙戰爭中的奧斯特利茨戰役（1805），由拿破崙率領的法軍大敗奧地利與俄羅斯聯軍，讓法國能以有利條件和談。另外，德國統一戰爭中普奧戰爭的柯尼希格雷茨戰役（1866），普魯士軍痛擊奧地利軍，使奧地利失去續戰意志，讓普魯士得以在有利條件下簽訂和約，掌握後來統一德國的主導權（詳情請參閱上集）。

接著，在19世紀初的日俄戰爭（1904～05）中，日俄兩國的陸軍也意圖發起「決定性會戰」，藉此贏得戰爭整體勝利。然而，日俄戰爭的陸戰卻未發生僅靠單一會戰就能底定戰爭勝負的「決定性會戰」；即便歷經「遼陽會戰」、「奉天會戰」等大規模會戰，整場戰爭卻仍無法分出勝負。

之所以會如此，是因為從德國統一戰爭時期開始，參戰國的動

員兵力便急遽增加，部隊也會利用鐵路進行移動，使得戰場範圍變廣。以具體數字來看（上集也有提過），普魯士軍在德國統一戰爭中的動員兵力，1864年開打的第二次什勒斯維希戰爭約為6萬5000人，2年後的普奧戰爭則超過28萬人，4年後的普法戰爭更是達到80萬人以上，僅僅經過7年，規模便擴增為當初的12倍（詳細數字有各種說法）。

隨著戰爭整體規模急遽擴大，把運送部隊進入會戰戰場的作為稱「戰略」、部隊在戰場上的運用稱「戰術」的這種拿破崙時代二分法概念顯然已經落伍。倍增的軍隊與擴大的戰場使得「決定性會戰」越來越難成立，必須以新的概念來梳理這種新型態戰爭樣貌。

話題回到日俄戰爭，雖然直到最後在陸上都沒發生決戰，但日本艦隊卻在「日本海海戰」這場「艦隊決戰」中完全打敗俄羅斯艦隊，促使戰爭走向終結（最後雙方簽訂「樸茨茅斯條約」完成和談）。

有了這樣的經驗，當時俄羅斯陸軍思想較為進步的軍官，便意識到「現在的戰爭已經很難單靠一場《決定性會戰》底定戰爭整體趨勢，而是會連續進行好幾場會戰」，而這種認知後來就發展出紅軍的「連續作戰」理論與「作戰術」。

多軍同步協調失敗與設置方面軍司令部

伴隨前述的動員兵力急遽增加與戰場範圍變廣，如何讓多個軍進行同步協調（Synchronization）作戰的重要性就變得很大（這裡所說的「軍」，並非指「普魯士軍」或「俄羅斯軍」那種各國的「軍」，而是由幾個軍／師級部隊作為骨幹編制而成的軍團級單位）。

以實例來看，在德國統一戰爭中普奧戰爭的「柯尼希格雷茨戰

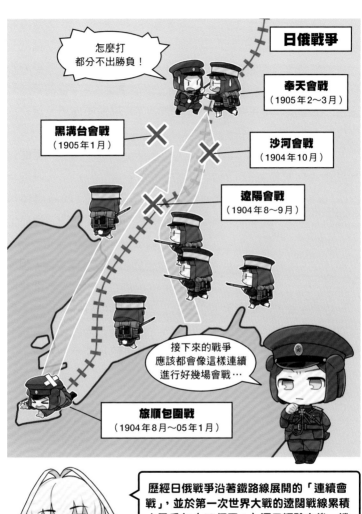

歷經日俄戰沿著鐵路線展開的「連續會戰」，並於第一次世界大戰的遼闊戰線累積大量兵力（10個軍！）運用經驗之後，俄羅斯／蘇軍便產生了「在不同正面發動各別作戰並且相互同步協調」的想法

役」，普魯士軍善用３個軍成功施展外線作戰 [1]，重挫奧地利軍。

相對於此，日俄戰爭中的俄軍則不具備在遼闊戰場上有效指揮多個軍的能力。因為這樣的關係，例如日軍派出５個軍、俄軍派出３個軍的「奉天會戰」，俄軍險些遭到日軍包圍，只能把奉天拱手讓給日軍並且後撤。

有鑑於此，在日俄戰爭之後，俄軍便依總司令部指示，設置負責統轄複數軍級單位的中間指揮層級方面軍（俄文：front。也會譯作「集團軍」或「戰線」）司令部。

然而，在第一次世界大戰緒戰的坦能堡戰役（1914年8月）當中，雅科夫・日林斯基（1853～1918）將軍率領西北方面軍參戰，但麾下第１軍與第２軍卻沒能順利同步協調，反被德國第８軍各個擊破 [2]。

反觀第一次世界大戰中期的布魯西洛夫攻勢（1916年6月），阿列克謝・布魯西洛夫（1853～1926）將軍率領西南方面軍參戰，麾下４個軍彼此相互同步協調，自寬廣正面發動奇襲攻勢，並取得豐碩戰果。

德軍在「坦能堡戰役」巧妙施展用兵，將俄軍各個擊破（photo：wikimedia commons）

布魯西洛夫將軍與西南方面軍司令部在這項攻勢當中，是否真有確實掌握各軍狀況、下達正確命令進行指揮管制，其實有待商榷。但西南方面軍司令部在攻勢開始前的準備階段，仍絞盡腦汁制定數個軍（方面軍）級作戰，為攻勢進行準備。

　　依據這樣的經驗，便造就後來紅軍「作戰術」的重要構成要素：「在不同正面發動各別作戰並且相互同步協調」。

於敵戰線後方成功進行運動戰與方面軍間的同步協調失敗

　　之後，俄羅斯於第一次世界大戰期間的1917年爆發革命，成立蘇維埃政權。翌1918年則創建蘇聯工農紅軍，簡稱紅軍。

　　接著，在革命後的內戰與諸外國的干涉戰爭（1917～22）※3中，反革命勢力（也就是所謂的白軍）的騎兵部隊表現相當亮眼。

◆ 紅軍騎兵於敵戰線後方進行的運動戰

為此，紅軍也決定新編一支軍團級騎兵部隊。由3個騎兵師作為骨幹的第1騎兵軍團編組成立，且還納入負責支援的裝甲車營與航空隊等單位[4]。

這支騎兵部隊在道路與鐵路等交通設施整備狀況不如西歐諸國的俄羅斯，可在敵戰線後方的運動戰發揮極大威力。像這種深入敵戰線後方並採獨立行動的作戰方式，就是之後紅軍縱深戰鬥（deep battle）的開端。

第一次世界大戰後的1920年，波蘭軍開始對烏克蘭展開大規模進攻，爆發蘇波戰爭。在這場戰爭中，兩軍的騎兵部隊也十分活躍，特別是前述的紅軍第1騎兵軍團，是一支能有效發揮功用的機動兵力。

然而，紅軍的西部方面軍與第1騎兵軍團和西南方面軍卻沒能順利同步協調。西部方面軍的主力雖然已逼近波蘭首都華沙，但不僅因進擊而疲憊，補給線也拉得太長。

對此，波蘭軍不僅有從法國送來的援助物資，還在法國軍事顧問馬克西姆·魏剛（1867～1965）將軍指導下奇跡似的重整旗鼓，於蘇聯西部方面軍的南側展開反擊，將之擊退。這場勝利稱作維斯瓦河的奇跡（維斯瓦河是流域包含華沙的波蘭最長大河）[5]。

※1：我方數支部隊將後方連絡線保持於外側，處在能夠圍攻內側敵軍的位置進行作戰，稱為「外線作戰」。反之，我方部隊將後方連絡線保持於內側，與外側敵軍處於對峙狀態的作戰則稱作「內線作戰」。詳情請參閱上集「近代篇」。

※2：坦能堡戰役是名留青史的各個擊破典型範例。於上集「近代篇」有解說。

※3：革命後的蘇維埃政權與白軍（反革命勢力）展開內戰時，列強各國支持反革命陣營，紛紛派遣軍隊前來干涉內戰，稱為干涉戰爭。

※4：作為第1騎兵軍團骨幹的3個騎兵師，原本是構成第1騎兵軍，軍長謝苗 布瓊尼（1883～1973）將軍後來擔任第1騎兵軍團司令。

※5：另外，此時擔任紅軍西部方面軍司令的是圖哈切夫斯基將軍（後述），西南方面軍的政治委員（簡稱政委，位階等同主官）則是史達林。兩人在此時反目，之後圖哈切夫斯基遭到清洗槍決。

作戰術與縱深作戰

作戰術明確形諸文字與其定義

生於烏克蘭西南部敖得薩的亞歷山大・斯維欽（1878～1938），在第一次世界大戰期間歷任俄軍總司令部參謀與北部方面軍參謀長等職務，轉換為紅軍後則擔任過全俄羅斯中央執行委員會（主要是在革命軍事委員會底下負責後方支援）參謀長，並成為軍事參謀學院教官。

他在1923～24年的戰略學課程中首次創造出作戰術這個新軍語，在其著作《戰略》當中，將「作戰術」定義為「連結個別戰鬥的「戰術」與戰爭整體的「戰略」，介於兩者之間的概念」。也就是說，「作戰術」這個概念，是由第二次世界大戰之前的蘇

亞歷山大・斯維欽（1878～1938）

他把介於戰略與戰術之間的概念
首次定義為「作戰術」這個辭彙。

順應戰略方針，
連結戰術成功的橋樑

這就是「作戰術」

戰略

戰術的成功

老夫也曾有
同樣的想法喔！

聯首次明確形諸文字。具體而言，斯維欽將作戰術形容為「順應戰略方針，連結戰術成功的橋樑」。另外，第二次世界大戰之後蘇聯出版的軍語辭典則是如此說明「作戰術」的：

「研究地面部隊的方面軍作戰、軍團作戰以及各軍種準備與實行的理論暨實務的兵術性構成。作戰術為連繫戰略與戰術的環節，是基於戰略上的各種要求、達成戰略目的的必要作戰準備與實行方法，且須配合作戰目的與作戰任務，準備聯合兵科部隊，賦予實施之際必要的戰術基礎諸元」（引用自陸上幕僚監部第二部譯《蘇聯軍語辭典》。此處將俄文的「front」譯為「方面軍」）

當然，「作戰術」的嚴謹定義，會依時期與國家而異。這是第二次世界大戰之後的蘇軍定義，與目前美軍的定義稍有不同，但也不是全然迥異。嚴謹定義依時代與國家互有差異的這點，在「戰略」和「戰術」上也是一樣的。

附帶一提，在斯維欽之前，也有其他軍人曾經想到過類似「作戰術」的概念。

例如普魯士的陸軍參謀總長毛奇（老毛奇），他認為訂出戰爭目的的是「戰略」，為達成戰略目的的手段，用於團級、連級等個別部隊的則是「戰術」。至於在「戰略」與「戰術」的中間階層，調兵遣將準備決定性會戰的作為，則被他形容為「作戰的」（德文：operativ）。事實上，毛奇在德國統一戰爭時便以此法指揮多支部隊促成決定性會戰，並於「柯尼希格雷茨戰役」實現決戰且獲得勝利，底定戰爭整體勝負。

至於斯維欽則是首次將這種概念明確形諸文字並加以定義。

連續作戰與縱深作戰

在蘇聯參謀學院擔任教官的尼古拉·法洛佛洛梅耶夫（1890～1941）分析第一次世界大戰時德軍的作戰，於《戰爭與革命》期刊上發表多篇論文，並在1933年出版著作《打擊軍》，為紅軍的「連續作戰」奠定理論基礎。

另外，1931年就任紅軍參謀部（於1935年改稱為參謀本部）部長的弗拉基米爾·特里安達菲洛夫（1894～1931），在此之前便已預測未來的戰爭將會是機動戰，汽車與裝甲車會取代馬匹，由配備戰車的機械化部隊主宰戰場。

特里安達菲洛夫也提倡由4～5個狙擊軍（相當於其他國家的步兵軍）在強力砲兵部隊支援下組成數個打擊軍團，進行以下3階段式作戰。

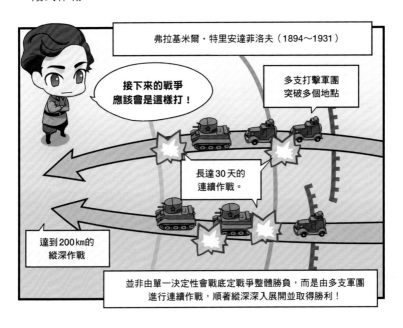

弗拉基米爾·特里安達菲洛夫（1894～1931）

接下來的戰爭應該會是這樣打！

多支打擊軍團突破多個地點

長達30天的連續作戰。

達到200km的縱深作戰

並非由單一決定性會戰底定戰爭整體勝負，而是由多支軍團進行連續作戰，順著縱深深入展開並取得勝利！

① 首先，要依據事前綿密偵察選定2個以上地點，突破敵方戰線。一開始的5～6天須推進30～36km，切斷包圍敵方部隊，將之各個擊破。

② 接著要追擊後撤的敵軍，在第18～20天推進150～200km。

③ 最後的5～6天則推進30～50km，阻止敵方預備兵力前來會合，殲滅敵野戰部隊主力。

　　這是一場為期約莫30天的「連續作戰」，為縱深達到200km的「縱深作戰」。若要進一步解說，它並非像是過去那樣追求單靠打贏1場決定性會戰來底定戰爭整體勝負，而是花上大約30天進行「連續作戰」並且取得勝利。

　　另外，這與單純深入敵戰線後方作戰的縱深戰鬥不同，此縱深作戰（deep operations）的根底，是串聯各場戰鬥（battle）與作戰（operation）的成果，最終達成戰略目的，屬於「作戰術」的概念。

紅軍野戰教範

米哈伊爾・圖哈切夫斯基（1893～1937）

蘇軍最知名的軍事思想家，可說是將「縱深作戰」化為理論的核心人物，

其用兵思想透過1936年版
《紅軍野戰教範》具體呈現。

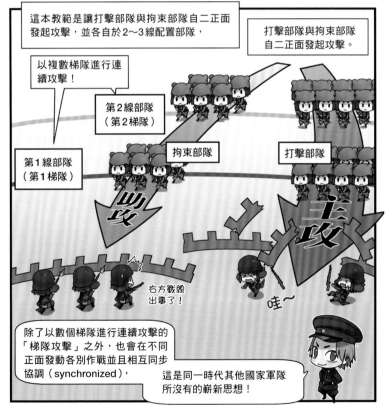

這本教範是讓打擊部隊與拘束部隊自二正面發起攻擊，並各自於2～3線配置部隊，

打擊部隊與拘束部隊自二正面發起攻擊。

以複數梯隊進行連續攻擊！

第2線部隊
（第2梯隊）

第1線部隊
（第1梯隊）

拘束部隊

打擊部隊

助攻

主攻

右方戰線出事了！

哇～

除了以數個梯隊進行連續攻擊的「梯隊攻擊」之外，也會在不同正面發動各別作戰並且相互同步協調（synchronized），

這是同一時代其他國家軍隊所沒有的嶄新思想！

接著——
攻擊目標不僅限於敵方第1線部隊，而是連同後方陣地、預備部隊、砲兵，甚至是後方增援部隊等全縱深都要同時進行打擊，使之陷入孤立，施展**全縱深同時打擊**。

這套理論在戰後也持續傳承，是蘇軍最具代表性的準則喔！

圖哈切夫斯基與推動機械化

前述在蘇波戰爭時期擔任西部方面軍司令的米哈伊爾·圖哈切夫斯基（1893～1937），於1924年就任紅軍參謀部第一次長，翌1925年成為參謀部長。他於該年起草總結戰術原則的《紅軍野戰教範草案》，1929年制定為正式版《紅軍野戰教範》。

另外，圖哈切夫斯基也在1928年推動的國家計畫「第一次5年計畫」[※1]議論當中，主張應該走蘇維埃經濟軍國主義路線，以建立一支強大的軍隊。然而，共產黨總書記約瑟夫·史達林（1878～1953）卻拒絕此一提案。圖哈切夫斯基被貼上「紅色軍國主義者」標籤，暫時調離紅軍中樞。

1928年接任列寧格勒軍管區司令的圖哈切夫斯基，實驗性的運用空降部隊，並採用能夠空運的迷你戰車、輕型載重車、側掛摩托車等，意圖把空降作戰納入「縱深作戰」。1931年，他回到軍方中央擔任陸海軍人民委員代理兼紅軍兵器本部長，開始強力推動紅軍機械化。

1936年版《紅軍野戰教範》與其先進性

1936年，紅軍發布濃厚反映圖哈切夫斯基用兵思想的新版《紅軍野戰教範》（嚴格來說，應稱《1936年發布臨時工農紅軍野戰教範》）。

這本教範，將攻擊部隊分為打擊部隊與拘束部隊2個部分，並各自配置於2線或3線，自主攻正面與其他正面發起雙正面進攻。也就是說，1936年版《紅軍野戰教範》已明確加入以複數梯隊進行連續攻擊的「梯隊攻擊」，以及從不同正面展開個別作戰的「同步協調」概念。

大戰前的蘇軍機械化是以T-26輕步兵戰車與BT快速戰車作為中流砥柱。圖為BT-7
（photo：名城犬朗）

　　接著，如果敵方陣地是以3個陣地帶構成，那麼除了敵軍第1
陣地帶之外，針對第2陣地帶與第3陣地帶的各守備隊與預備
隊，以及支援用的砲兵部隊、後方增援部隊等敵軍全縱深戰鬥
部署，皆要以我方航空、砲兵、戰車部隊等合力進行同時打擊，
孤立敵軍部隊，以這種「全縱深同時打擊」作為基本。

　　如此一來，我方第1線部隊與後方的第2線部隊、第3線部隊
就不會遭到敵砲兵部隊砲擊，也不必擔心被敵預備隊與增援部
隊逆襲，我方各部隊只要應付敵方各陣地帶的守軍即可。敵守
軍在失去砲兵支援，也無法期待預備隊增援之下，實質上已陷
入孤立，可將之包圍。接著，打擊部隊便會按以下順序進攻敵方
陣地帶。

①首先，第1線部隊會對敵方第1陣地帶發起攻擊並突破之。
　即便第1線部隊劇烈消耗，無損的第2線部隊也能進攻第2
　陣地帶並加以突破。如果第1線部隊無法順利突破敵方第1

陣地帶，第2線部隊就要支援第1線部隊，協助突破敵第1陣地帶。

②敵方第2陣地帶以降的攻擊也比照辦理，並依據需求投入預備隊。

③像這樣突破敵方戰線後，就要讓戰車部隊與摩托化狙擊部隊（相當於其他國家的步兵部隊）深入敵後，切斷敵軍退路，並讓飛機與機械化部隊、騎兵部隊前去襲擊後退中的敵方部隊，阻止撤退並將之殲滅。

附帶一提，同時期制定的德軍與法軍戰術教範[2]在關於防禦的記述方面，行動都僅限於眼前的防禦陣地，不像紅軍那樣會把由多個正面構成的廣闊戰區整個放入視野。對於在攻擊主攻正面的同時針對其他正面敵軍部隊進行拘束與防禦的「同步協調」概念也全然無存。

由此可見，當時的紅軍用兵思想比同時期的德軍、法軍用兵思想還要來得先進許多。

※1：在共產黨指導下進行的5年長期綜合經濟政策，以重工業化和農業集體化強硬推動近代化。

※2：德軍為1936年版《軍隊指揮》，法軍為1936年版《大部隊戰術運用教範》。

組合多場戰役

德蘇戰與作戰術

像這樣，蘇聯在1920～30年代中期曾大幅發展用兵思想。然而，到了1930年代後半，史達林卻清洗槍斃圖哈切夫斯基與斯維欽等人，使得蘇聯的用兵思想發展因此中止。1939年9月，第二次世界大戰爆發，1941年6月展開德蘇戰。

當初紅軍在德軍的「閃電戰」攻擊下，有大部隊在基輔與明斯克遭到包圍，損失相當慘重，但還是守住了首都莫斯科。

接著，紅軍並不再像過去那樣追求「以單一《決定性會戰》底定戰爭整體勝負」，也不強調個別作戰的最大戰果，而是基於「作戰術」的概念，規劃相互關聯的多場作戰。以實例來看，1943年夏季便有實施以下幾場相互關聯的作戰行動（參照別圖）。

① 「庫斯克會戰」的守勢
② 「庫圖佐夫」行動（以及奪回奧廖爾）
③ 伊久姆方面與米烏斯河附近的攻勢（初期失敗）
④ 「魯緬采夫團長」行動（以及奪回哈爾可夫）
⑤ 「蘇沃洛夫」行動（奪回斯摩棱斯克的失敗）
⑥ 對聶伯河的連續攻勢作戰（以及奪回斯摩棱斯克）

像這樣相互關聯的一連串作戰會稱為戰役（campaign）。

照這樣來看，所謂「作戰術」，就是在某個戰區規畫多場「戰役」的意思，要把它解讀成「戰役術」也不為過。的確，這也是「作戰術」的重要元素，作戰術本身即「包含」在某個戰區規畫

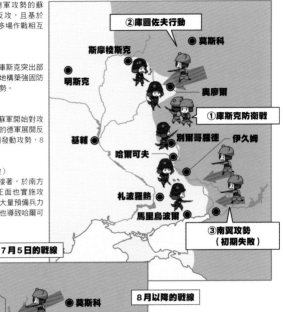

◆ 1943年蘇軍的攻勢

1943年夏季，挺過德軍攻勢的蘇軍，開始轉為大規模反攻，且基於「作戰術」的概念，讓多場作戰相互具有關聯。

① 庫斯克防衛戰
7月5日～13日：預期庫斯克突出部會有攻勢的蘇軍，在該地構築強固防禦陣地，以阻絕德軍攻勢。

② 庫圖佐夫行動
7月12日～8月7日：蘇軍開始對攻勢達到極限後停下腳步的德軍展開反擊。首先於突出部北側發動攻勢，8月5日奪回奧廖爾。

③ 南翼攻勢（初期失敗）
7月17日～8月3日：接著，於南方的伊久姆與米烏斯河正面也實施攻擊。雖然因為德軍投入大量預備兵力使得蘇軍攻勢受挫，但也導致哈爾可夫方面變得薄弱。

7月5日的戰線

- ②庫圖佐夫行動
- 莫斯科
- 斯摩棱斯克
- 明斯克
- 奧廖爾
- ①庫斯克防衛戰
- 基輔
- 別爾哥羅德 伊久姆
- 哈爾可夫
- 札波羅熱
- 馬里烏波爾
- ③南翼攻勢（初期失敗）

8月以降的戰線

- 斯摩棱斯克
- 莫斯科
- ⑤蘇沃洛夫行動
- 明斯克
- 奧廖爾
- ④魯緬采夫團長行動
- 基輔
- 別爾哥羅德
- 哈爾可夫
- 伊久姆
- 札波羅熱
- 羅斯托夫
- 馬里烏波爾

- ■ 8月23日
- ■ 9月16日
- ■ 9月22日

④ 魯緬采夫團長行動
8月3日～23日：於突出部南側開始正式反擊。德軍緊急調回送往南翼的部隊迎戰，但擁有裝甲兵力優勢的蘇軍成功奪回哈爾可夫。

⑤ 蘇沃洛夫行動
8月7日～8月中旬：在魯緬采夫團長行動開始之後，又往東部戰線中央發動攻勢，以圖奪回斯摩棱斯克。雖然攻勢遭德軍阻止，但卻成功把哈爾可夫方面的德軍兵力引至北邊。

⑥ 對聶伯河的連續攻勢
8月24日～9月22日：等到預備兵力減少的南部德軍開始後退，蘇軍便對從斯摩棱斯克到黑海的聶伯河派出多支方面軍發動連續攻勢，將德軍趕回聶伯河西岸。

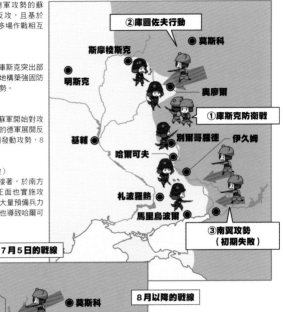

35

戰役的策略，要這樣理解也是可以的。然而，若只有這樣想，卻會失去連結「戰術」與「戰略」的「作戰術」這個辭彙原本擁有的廣泛意義。

舉例來說，若能讓在某戰區執行的攻勢作戰與同時期在另一個戰區發動的攻勢作戰變得相互具有關聯性，藉此導向戰略上的勝利，那麼就「為達成戰略目的而實行的各種必要作戰」意義而言，這也算是「作戰術」的範疇。

以德蘇戰的實例來看，蘇軍於1942年冬季在史達林格勒方面實施「天王星」行動，又幾乎於同時在莫斯科西方的熱澤夫突出部發動「火星」行動，就是為了分散德軍投入的預備兵力。其中「天王星」行動在蘇聯3個方面軍的攻勢下，將德國第6軍團包圍於史達林格勒，最後迫使其投降。

像這樣，在賦予不同作戰關聯性時，除了於同一戰區按時間軸先後發動相互關聯的多場作戰之外，在同一時期於別的戰區讓位處不同空間發動的多場作戰具備關聯也包含在內。

戰役與階段管理

關於作戰術，前述蘇軍語辭典中寫道「為達成戰略目的而實行的各種必要作戰」，斯維欽則說「連結戰術上的成功，藉此達成戰略目標」。至於其中一種具體手法，便是「階段管理」。

將某場「戰役」劃分為數個「階段」，並按部就班達成階段性目標（具體來說，可將其理解為戰役當中各場作戰的各自目標），藉此在最後達成戰略目標。在這種狀況下，如何設定適切的中間目標就變得相當重要。

在此要將目光轉向太平洋戰爭（1941～45），以「瓜達康納爾戰役」作為實例進行解說。從美軍在1942年8月登陸瓜達康納爾

將整個戰役區分為數個階段
（phase），透過依序達成各
階段的方式，完成最終戰略
目標。

奪取瓜達康納爾島

Phase.4
排除敵陸上兵力

Phase.3
陸上兵力與補給物資登陸

Phase.2
確保瓜島周邊的制海權

Phase.1
確保瓜島周邊的制空權

所謂作戰術，是連結戰略與戰術的一
種廣泛「概念」，並不是指某種特定且
具體的手法喔。
階段管理也算是作戰術的手法之一喔。

島（以下簡稱瓜島），到日軍於1943年2月撤退為止，瓜島周邊曾發生「第一次索羅門海戰」、「薩沃島海戰」、「第十七軍主力總攻擊」等多場海、陸、空戰，這些作戰總稱為「瓜達康納爾戰役」。若將「階段管理」手法套用至「瓜達康納爾戰役」，則可劃分如下：

階段①：確保瓜島周邊的制空權

階段②：確保瓜島周邊的制海權

階段③：將強大的陸上兵力與充足的補給物資送上瓜島

階段④：排除瓜島的敵陸上兵力

然而，當時的日軍並未將「作戰術」這種概念明確形諸文字；不僅無法闡述如何讓個別作戰相互具備關聯性，藉此串連為戰役、達成戰略目標，也不知如何設定適切中間目標。

在這裡要強調一個觀念，所謂「作戰術」，並非指某種特定個別具體手法。像這個「階段管理」，也只不過是作戰術運用的「手法」之一罷了。

再重複一次，所謂「作戰術」，指的是連結「戰術」與「戰略」的廣泛概念。

對應核子戰爭的OMG

紅軍應用作戰術在德蘇戰贏得勝利之後，基本上仍持續發展1936年版《紅軍野戰教範》確立的「縱深作戰」。

關於裝甲部隊的兵器，第二次世界大戰期間的紅軍，並不像美軍或德軍那樣正式配備運輸步兵用的半履帶式 ※1 裝甲運兵車，而是讓士兵搭乘軍用載重車，或攀附搭乘戰車（稱為戰車跨乘）。然而，大戰後的蘇軍（1946年自紅軍改稱）則有大量生產與配備輪型或全履帶式裝甲運兵車。

到了1960年，核子戰爭列入想定，為了防止群集部隊被核武一舉殲滅，各部隊會展開至更廣闊的範圍，並以更具流動性的方式作戰。於此同時，也開始配備能夠應對放射線汙染環境，具有密閉人員艙的裝甲運兵車。

1966年，可搭載3名乘員與8名步兵、武裝強於以往裝甲運兵車、具有高機動性、即使在遭受放射性物質汙染的區域也能讓步兵從密閉車艙內透過設置於車體各部的槍眼射擊輕兵器，具備「乘車戰鬥能力」的劃時代步兵戰鬥車（俄文：Boyevaya Mashina Pekhoty，簡稱BMP）獲得制式採用，並且開始配備。這款步兵戰鬥車與之前的裝甲運兵車不同，步兵不必下車便能持續戰鬥，除了應付核子戰爭，在一般戰爭也能進一步提升機械化部隊的機動力。

到了1970年代初期，各種自走砲與攻擊直升機也陸續進行研製、配備。如此一來，蘇軍裝甲部隊的火力與機動力便獲得大幅提升，具備迅速突破敵戰線並且進一步深入進擊的能力。

進入1980年代後，以戰車軍團與戰車軍作為骨幹，搭配空降師的傘兵與靠直升機進行機動的空中機動部隊進行整合，編組作戰機動群（Operational Maneuver Group，OMG），藉此應用於「縱深作戰」。特別是在歐州正面，各方面軍會派出OMG深入NATO（北大西洋公約組織）軍戰線後方，展開快速進擊，並讓特戰部隊（Spetsnaz）配合突襲NATO軍的核武相關設施，藉此阻止NATO軍使用戰術核子武器[2]。

像這樣，蘇軍在第二次世界大戰之前確立的「縱深作戰」理論，直到1991年蘇聯解體為止仍有持續發展。

※1：半履帶車指的是前方為車輪，後方為履帶的車。另外，輪型指的是只有車輪的車輛，履帶式則是全履帶車。

※2：由於NATO軍與以蘇軍為主力的華沙公約組織軍相比，常規戰力處於大幅劣勢，因此若無法靠常規戰力與之抗衡時，有使用戰術核武的想定。

■第 1 課總結

① 從德國統一戰爭時期開始,由於參戰國的動員兵力急遽增大,且鐵路也讓戰場區域變得更為遼闊,因此很難再度出現單靠 1 場戰役底定戰爭整體勝負的決定性會戰(決戰)。

② 俄軍/紅軍透過第一次世界大戰、革命後的內戰與諸外國的干涉戰爭、蘇波戰爭等,認識到在敵軍線後方實施運動戰以及多軍團同步協調的重要性,形成後來「作戰術」與「縱深作戰」的基礎。

③ 蘇聯的參謀學院教官斯維欽在 1920 年代前半發明「作戰術」這個新軍語,將連結個別戰鬥的「戰術」與指涉戰爭全體的「戰略」之中間概念明確定義為「作戰術」。

④ 法洛佛洛梅耶夫、特里安達菲洛夫、圖哈切夫斯基等人除了發展出「連續作戰」理論與「縱深作戰」理論,也推動紅軍機械化,最終彙整為 1936 年版的《紅軍野戰教範》。

⑤ 第二次世界大戰期間的 1941 年,當德蘇戰展開後,紅軍規劃多場相互具有關聯的作戰,讓不同戰區的作戰得以同步協調,充分發揮作戰術的概念,並且贏得最終勝利。

⑥ 第二次世界大戰後的蘇軍仍持續發展大戰前確立的「縱深作戰」理論,直到 1991 年蘇聯解體為止。

第2課
空地作戰與機動作戰

普魯士／德國用兵思想的強烈影響

何謂空地作戰與機動作戰？

第二次世界大戰過後，以蘇聯為首的社會主義／共產主義東方陣營，與以美國為首的自由主義／資本主義西方陣營相互對峙，形成冷戰局面。

於第二次世界大戰戰敗的德國，分裂為被蘇軍（以及一些蘇聯盟軍）占領的東德（德意志民主共和國），以及被西方盟軍占領的西德（德意志聯邦共和國）。由蘇軍作為主力的華沙公約組織軍，與駐歐美軍、駐萊茵河英國陸軍、西德軍（德意志聯邦共和國軍）等構成的NATO（北大西洋公約組織）軍，隔著東西德邊界劍拔弩張。

在冷戰到達顛峰的1980年代，美國陸軍採用「空地作戰」作為準則。在1991年的波灣戰爭當中，作為多國部隊地面兵力核心的美國陸軍各部隊，便是遵循「空地作戰」準則展開作戰，輾壓敵對的伊拉克軍。

另外，與「空地作戰」同樣出現於1980年代的，還有美國陸戰隊採用的「機動作戰」。時至今日（2022），這依舊是美國陸戰隊的基本準則。

至於冷戰時代的蘇軍，如第1課所述，基本上仍是以第二次世界大戰前確立的「縱深作戰」作為準則，一直發展到1991年蘇聯解體為止。也就是說，美國陸軍的「空地作戰」與美國陸戰隊的「機動作戰」，可說是與蘇軍「縱深作戰」相對應的軍事準則。

本書第2課，就讓我們來談談「空地作戰」與「機動作戰」。

誕生於美國的用兵思想

第二次世界大戰結束後，
東西冷戰開始，美蘇兩國的緊張關係
在1970～80年代到達顛峰。

至於美國在這個時代
催生出的準則——

空地作戰！

機動作戰！

陸軍

陸戰隊

依據這2套準則，
美軍從原本注重「火力／消耗戰」，
轉變為以「機動戰」作為主軸，
變化相當大喔！

火力／消耗戰 → 機動戰

本課就讓我們來
聊聊這些準則吧！

普魯士／德國用兵思想的影響

在「上集總結」也有提過，拿破崙戰爭時代擔任普魯士軍官的用兵思想家克勞塞維茨，把官兵人為疏失與天候急遽變化等偶發事象，以及各種無法確實預測的事象等這些會對軍隊指揮官下達決心與部隊行動造成影響的概念，歸納為「摩擦」。

具體而言，如果在戰場上起了大霧，就會晚些發現敵人；如果下起大雨，就會拖慢部隊行軍速度。也就是說，即便作戰計畫訂得再怎麼縝密，像這類難以預測的事象與偶發影響既然無法完全排除，現實作戰就不一定能像紙上計畫那樣順遂進行。

另外，在德國統一戰爭時代擔任普魯士總參謀長的毛奇（又稱老毛奇），正式採用一種稱為任務式指揮（德文：auftragstaktik，mission command，日本稱為訓令戰法）的指揮方法。

採用「任務式指揮」時，上級指揮官僅會對下級指揮官以「訓令」形式下達整體「企圖」與必須達成的「目標」。下級指揮官受命之後，便會在上級指揮官的「企圖」範圍內，自行決定達成所訂「目標」的「方法」，並且加以實行。也就是說，對於現場的具體實施方法，下級指揮官擁有自主裁量權，這也就是所謂的「分權」指揮法。

為了更容易想像，讓我們舉個第二次世界大戰時期的簡單範例；首先，上級指揮官步兵團長會對所屬步兵營長下達「我軍部隊企圖包圍看似將從Ａ高地向東方展開的敵部隊。為達此目的，貴官須帶領麾下部隊在○○時之前攻占Ａ高地」的訓令。接著，步兵營長受命之後，就必須構思如何以所轄３個步兵連與１個重兵器連（配備迫擊砲與重機槍等）於○○時攻下Ａ高地的具體方法，並且加以實行。

其實，以克勞塞維茨的戰爭觀來看，即便上級指揮官在事前

◆毛奇的「任務式指揮」

克勞塞維茨如此作想；
不論計畫訂得再怎麼縝密，
也無法完全排除偶然影響！
實行時會發生各種「摩擦」。

為了應付「摩擦」，
之後的毛奇便正式採用一種稱為
「任務式指揮」的分權指揮法。

伸手不見五指！

任務式指揮

團長

〔訓令〕
「我團為包圍敵部隊，必須占領
Ａ高地。貴官務必於○○時之前
攻下Ａ高地！」

報告了解！

營長必須構思實現團長「訓令（○○時之前奪取
Ａ高地）」的具體方法，並且加以實行

營長

透過這種委由現場判斷的方式，
可彈性應對不測事態（摩擦），然而…
這並不表示現場就能「為所欲為」喔！
必須按照準則律定的作戰方法，
在上級指揮官的企圖範圍內，
代為實行「上級指揮官理應會下達的判斷」。

訂立縝密計畫，並對下級指揮官下達包含現場實施方法在內的細部命令，也必定會因前述的「摩擦」產生各種問題。對於這些想定外的問題，若採用「任務式指揮」，讓下級指揮官擁有自主裁量權，就不必——對上級指揮官報告狀況並等待新命令，便可直接依據現場判斷讓各部隊迅速進行處置，藉此降低「摩擦」帶來的影響。

換句話說，下級指揮官即便沒獲得關於麾下部隊該如何行動的具體命令，只要是在上級指揮官提示的「企圖」範圍內，或是揣摩若上級指揮官在場將會如何判斷，就能加以實行，可說是被要求展現原本（正確）意義的「獨斷專行」[※1]。

以這種用兵思想為基礎，第二次世界大戰時期德軍指揮官作為準繩的戰術教範《軍隊指揮》，會規定特別是在碰到遭遇戰（移動時爆發的戰鬥）時，必須要能於不確實狀況中下達決心付諸行動；若能制敵機先，便可取得成果。為此，即便狀況不明，也必須即刻下達命令、迅速採取行動。

美國陸軍在第二次世界大戰後的1949年，將作戰準則野戰教範FM100-5《作戰》進行改版。在這份1949年版的FM100-5當中，「摩擦」這個辭彙的用法，便如同克勞塞維茨所表達的意義。另外，它也把情報不確實的現象列入常態；即便狀況不明朗，也不能錯失良機，必須發起行動。像這樣，第二次世界大戰剛結束後的美國陸軍用兵思想，可說是受到克勞塞維茨為主的普魯士／德國用兵思想強烈影響。真要說起來，美國陸軍在獨立戰爭（1775～83）時期，就曾經向原本是普魯士軍官的弗里德里奇‧馮‧斯圖本（1730～94）學習戰鬥隊形以及戰術，因此可說打從一開始便已大幅受到傳統普魯士／德國用兵思想影響。

※1：但反過來說，下級指揮官被允許的獨斷專行，充其量也只是在上級指揮官的「企圖」範圍內，並非毫無限制為所欲為。

越南戰爭的失敗

　　話話題回到第二次世界大戰之後的美軍（包含陸戰隊），福特汽車總裁勞勃・麥納馬拉（1916～2009）於1961年被約翰・F・甘迺迪政權任命為國防部長，把運用高等數學的經營管理手法帶進軍事領域。其中最具代表性的例子，就是PPBS（Planning-Programming-Budgeting Syste的簡稱，計劃項目預算系統）；這是以軍力和成本兩方面作為考量來訂立軍備計畫，藉此增進軍事預算運用效率。

　　然而，等到美軍於1965年開始正式介入越南戰爭後，麥納馬拉部長引進的「經營管理」負面影響便在軍隊內部到處湧現。具體來說，當時美軍過度重視將戰場各種事項化作數據的定量化分析，以及事前策定的作戰計畫，而且對於現場各種細微末節的事情，上級指揮官也開始會越過下級指揮官指手畫腳，有「中央集權」化（微觀管理）的傾向。

　　關於過度重視定量化，為了定量測定軍事作戰的進行狀況，會執行所謂的「body count」，也就是計算敵人屍體數量的手法，這是最常被提及的代表性範例。

　　美軍在越戰最常使用的戰術之一，就是「搜索與殲滅」戰術，用以對付神出鬼 打游擊的越共部隊。這種戰術首先會派出小股步兵部隊前往各地積極巡邏，若有越共部隊對其發動奇襲，我軍主力部隊便會搭乘直升機透過空中機動迅速展開，在越共部隊逃回叢林之前將之剿滅。

　　為了評估這種戰術帶來的成果，以客觀尺度來說，便是參考敵

麥納馬拉與微觀管理

由福特汽車集團總裁轉任國防部長的勞勃・麥納馬拉（1919～2009），把商業經營手法帶入越南戰爭。

要把戰果化為數據。

敵人屍體、俘虜**數量**！

繳獲武器**數量**！

摧毀坑道**數量**！

分析這些數據，透過計算獲取勝利！

但由於輕視精神面等難以定量的要素，使得戰略層級反而離勝利越來越遠。

為何有這麼多「勝利」，卻打不贏戰爭？

不能原諒美國人！

？？？

為啥米!?

軍屍體與俘虜數量、繳獲兵器與摧毀的地下坑道等量化數據。但重點在於，越南戰爭時期的美軍只重視這種定量化要素，卻輕視精神面等難以定量分析的要素。

的確，在軍事行動當中（特別是微觀的「戰術層級」），給敵帶來物理性損害是非常重要的要素。然而，若輕視敵方士氣與本國人民續戰意志帶來的影響等精神面向，卻會造成重大失敗。事實上，越戰屢屢出現的屍體照片，除了激發越共的續戰意志之外，也在原本應為己方陣營的美國國內點燃反戰運動，以宏觀的「戰略層級」來看，反而讓美國遠離勝利。

與此相比，克勞塞維茨非常重視官兵士氣與國民同仇敵愾意志等難以定量化的精神層面。也就是說，越戰時期的美軍，因為受到來自商業界「經營管理」的影響，朝著違反克勞塞維茨用兵思想的方向前進（附帶一提，即便是現今的商業界，也常會看到因過度重視數值目標，反而在難以數值化的要素方面出現負面影響的案例）。

接著，來看看越戰時期美軍「中央集權」化的傾向，透過關於作戰的教範條文可以窺見一斑。

在美軍正式介入越戰前制定的1962年版FM100-5《作戰》當中，第3章「指揮」的第2節「指揮系統」中第32項主導權（initiative）的內文，寫道「即便沒有命令，也不允許毫無作為」，強烈要求基層指揮官積極採取行動。

然而，越戰期間1968年實施的FM100-5修訂版本，卻拿掉了這句話。美國陸軍在越戰達到最高峰的時期，把對於分權指揮而言最重要的基層指揮官「獨斷專行」條項，從主要作戰教範中給刪除了。

至於理由，透過選徵服役制度徵集而來的士兵素質低落是主要原因之一。要實行分權指揮法，下級指揮官必須具備能夠充份理解上級指揮官企圖與自身任務的高度判斷能力。然而，若

缺乏這種判斷力，各部隊就會各行其是，變成一盤散沙。有鑑於此，就必須多少限制一下基層指揮官的獨斷專行。

至於結果，就是上級指揮官屢屢會對現場各種細微末節的事情出意見，產生「微觀管理」的傾向。

北邊是哪邊？

因為打越戰的關係，美軍官兵素質變差…

撐不下去了啦！

分權指揮要能夠成立，
理解上級指揮官的企圖與自身任務，
具備高度判斷能力——是必要條件
如果做不到這兩點，那就不是「分權」，
而是「一盤散沙」。

因為有這樣的背景，
再加上通信技術的發達，
1960～70年代的美軍
便會抑制下級指揮官的「獨斷專行」，
上級指揮官則會介入現場細微末節的事情，
產生中央集權化的「微觀管理」傾向。

欠缺作戰術的思考方式

即便美軍有如此大的問題，但在越南戰爭的個別戰鬥當中，由於裝備的質與量相對較佳，且後勤能力也占優勢，因此幾乎每次都能對敵造成超乎我方的損害。若只看定量化要素，美軍其實一直都在打勝仗。

然而，即便個別戰鬥不斷取勝，整場戰爭卻遲遲未能贏得勝利（對他們來說），是種相當不可思議的經驗。

依照克勞塞維茨的說法（前一講也有敘述過），戰略的終極目的，在於和敵人在有利條件下和談。有鑑於此，戰場上的勝利只有在能對簽訂和約這項戰略「目的」有所幫助時，才具備戰略「手段」上的意義。反過來說，有一些在戰場上取得的勝利，其實對達成戰略目的並無助益。在戰爭當中，即便於微觀的「戰術」層級累積許多勝利，也不見得就會在宏觀的「戰略」層級獲勝。越戰時美軍在戰場上取得的勝利，可說就是實際案例。

反觀蘇軍，（如第1課所述）他們早在第二次世界大戰之前，便已將連結個別戰鬥的微觀「戰術」，以及以戰爭整體為對象的宏觀「戰略」之中間概念，明確付諸文字，將其定義為「作戰術」。

然而，越戰時期的美軍，卻仍未將「作戰術」的概念明確定義為文字，因此無法順利連結微觀「戰術」層級上的勝利與宏觀「戰略」層級上的目標達成。

正因為有這樣的經驗，才使美國陸軍後來決定把「作戰術」納入準則。

積極防禦

1973年7月

美國陸軍成立負責制定準則以及教育訓練計畫，並統括研究編制與裝備工作的

TRADOC 訓練暨準則司令部

首任司令官
威廉・E・德普伊（1919～92）

這個TRADOC在1976年版「FM100-5」提出的是
積極防禦 準則。

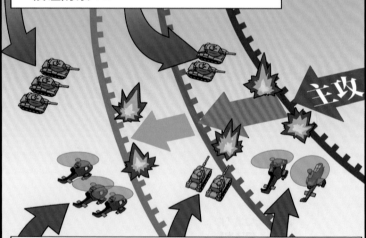

主攻

何謂「積極防禦」
在面對數量占優勢的蘇軍時，於其主攻正面必須以機動力較高的戰力進行迅速機動。除此之外，也要設置多道陣地，於各陣地發揮強大火力，並逐次往後方陣地轉移，對敵部隊累積傷害，阻止其突破。

不過…

這種防禦戰術，
如果陣地變換時機有誤
戰線就會崩解。

A圈向後退！
B圈…
現在後退！
啊，C圈也是！

因此會比較傾向於
中央集權式指揮。

然而，「積極防禦」卻遭到大舉批判。

這不適用歐洲的
天候與氣候…

有辦法馬上
找出敵方主攻嗎？

如果敵軍妨礙我方兵力集中
又該怎辦？

批判力道最強的，就是這位對軍事史抱持強烈關注
的參議院議員秘書——

威廉・S・林德（1947年～）

這真是一份只看數字、
不知變通的準則

根本無視戰場「摩擦」與官兵士氣等
無法定量化的要素

最糟糕的是，還太過拘泥
以火力消耗 敵軍！

成立 TRADOC

1973年3月，美國陸軍自越南完全撤退；此時不僅官兵士氣低落、毒品蔓延部隊、軍紀敗壞有加，各種裝備也更新遲緩，駐歐美國陸軍戰力著實降低，問題堆積如山。

在這種狀況下，於理查・尼克森政權擔任 CIA 局長的詹姆士・R・施萊辛格（1929～2014）於該年7月被任命為國防部長後，便提倡「以堅強的常規戰力保衛歐洲」。也就是說，美國的國防組織高層，已明確打出強化歐洲常規戰力的大方針。

為此，美國陸軍一改在越戰對付游擊戰的模式，轉而思考如何對付以蘇軍為主力的華沙公約組織軍，重建常規戰力（非核戰力）以打一場大規模正規戰[※1]。

在此之前的6月，美國陸軍為了進行越戰後的重新編成，新成立負責編寫準則與規劃教育訓練內容、培訓指揮官以及研究部隊編制、新裝備的 TRADOC（Training and Doctrine Command 的簡稱，訓練暨準則司令部），擔任首位司令官的，是曾以第1步兵師師長身份參與越戰的威廉・E・德普伊（1919～92）將軍。

1973年10月，第四次中東戰爭爆發，阿拉伯聯軍激戰以色列軍。以軍的戰車部隊因埃及軍投入的蘇製反戰車飛彈而損失慘重。

TRADOC 為了蒐集第四次中東戰爭的教訓，派遣研究小組前往以色列。配賦蘇製裝備並按蘇軍準則行動的阿拉伯聯軍，與使用美製裝備的以軍之間發生的戰鬥，對於美國陸軍制定將來準則而言，具有相當大的參考價值。TRADOC 基於對第四次中東戰爭中戈蘭高地與西奈半島的戰鬥研究，於1976年修訂FM100-5《作戰》，採用新的「積極防禦」準則。

何謂積極防禦？

1976年版FM100-5採用的「積極防禦」準則，簡單來講就是靠以戰車作為主力的裝甲部隊，以及透過直升機進行空中機動的反戰車小組（配備長射程的拖式反戰車飛彈）等具備高機動力的部隊，從敵方主攻正面之外（即便我軍戰線翼側會因此陷入危險）迅速機動至敵方主攻正面，集結敵6倍以上兵力發動反擊。

當時的NATO軍相對於華沙公約組織軍，特別是在以戰車部隊作為主力的裝甲兵力方面屈居劣勢，因此才會像這樣迅速集結反戰車火力與之抗衡。

至於對華沙公約組織軍發動的攻擊，具體防禦戰術會如以下進行：

①首先，要讓前方掩護部隊逐次後退，爭取時間讓防禦部隊主力進行準備。

②防禦部隊主力在後方縱深較大的地區建構多重陣地，並於各陣地發揚強大火力，擊退敵軍部隊。特別是要以戰車搭載的戰車砲與長程反戰車飛彈為主的遠程反戰車火力摧毀敵裝甲部隊。

③防禦部隊逐次向後方轉移陣地，並持續對敵部隊累積傷害，阻止其突破。

這套戰術的重點在於以火力消耗敵戰力。

由於實施此防禦戰術時，必須確實抓準防禦部隊主力數度變換陣地的時機，因此上級指揮官得要正確掌握整體狀況，對於各部隊的行動均須逐項掌控，採行「中央集權」式指揮法。

林德對「火力／消耗戰」方向的批判

這份1976年版的FM 100-5，可說是引起堪稱「美軍刊物史上最激烈」的論爭。舉例來說，像是是否能夠馬上找出敵軍主攻正面？若遭敵全縱深同時打擊（參閱第1課），使得我方兵力集中受到妨礙時該怎辦？我方沒有確保預備兵力，風險是否過高？這些都是遭到質疑的論點。

另外，關於大幅依賴長程反戰車飛彈的防禦戰術，歐洲的天候會因季節而不穩定，這不僅會影響到可視距離，使得飛彈射程縮短，且若要在森林茂密的地區迅速變換陣地，移動路線也會受限，這些都是問題。

除此之外，第四次中東戰爭後的蘇軍，已不再著重單靠戰車部隊突破特定地點的古典式穿透攻擊，而是以戰車搭配步兵戰鬥車（BMP）部隊作為主力，在廣闊正面尋找敵方弱點與空隙，藉此進行突防，致力於演習中施展這種多正面攻擊（參照上集第5課的「突擊部隊與滲透戰術」項目）。

蓋瑞‧哈特參議員的政策秘書威廉‧S‧林德（1947年～）雖然沒有從軍經驗，但卻對軍事史抱持強烈關注，他對「積極防禦」有著嚴厲批判。林德認為這套準則過於重視高等數學，且輕視克勞塞維茨所說的「摩擦」與官兵士氣等難以定量化的要素。

事實上，1976年版的FM 100-5不僅刪減關於指揮的內容，且還把作為減輕「摩擦」手段的分權指揮相關記述也給一並刪除。相對於此，像是關於測距儀的量測距離誤差等科技細節資料與圖表，卻占了相當大的篇幅。也就是說，它明顯承襲了麥納馬拉國防部長時代所強調的戰爭定量分析傾向。

另外，林德也批評這套方法並非藉由機動力摧毀敵方高級司令部精神與意志力的「機動戰」，而是固著以火力消耗敵方物理

兵力的「火力／消耗戰」。

　林德所主張的「機動戰」，是以迅速機動（maneuver）的方式，擾亂敵方高級司令部，讓其陷入麻痺，沒辦法妥善進行指揮管制，進而導致敵方部隊無法充份發揮戰力（詳情後述）。

　相對於此，「積極防禦」則過於著重對敵兵力投射火力，僅以物理方式進行消耗（這樣的批判，與後述美國陸戰隊採用「機動作戰」準則有所關連）。

　美國陸軍的前線部隊指揮官，也認為這套新準則「雖號稱積極主動（active），但只著重防禦（defence），其實頗消極」，對其嗤之以鼻。

※1：反游擊戰的英文為「counter-insurgency」，簡稱「COIN」。後來美國也出現「把
　　　COIN都丟給特種部隊，幾乎放任不管」的批評意見。

空地作戰

「積極防禦」之後的美軍，開始產生具備空間、時間縱深的「擴張戰場」概念，進而發展出「空地作戰」準則。

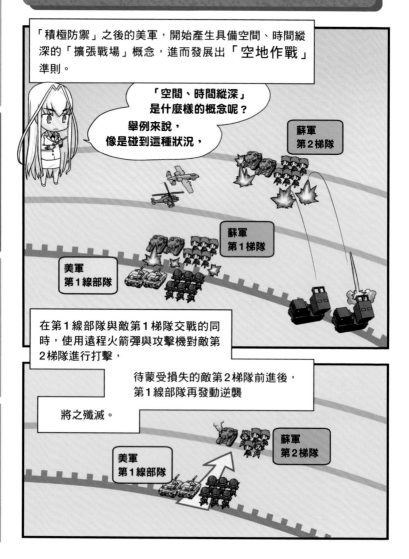

「空間、時間縱深」是什麼樣的概念呢？
舉例來說，像是碰到這種狀況，

蘇軍第2梯隊

蘇軍第1梯隊

美軍第1線部隊

在第1線部隊與敵第1梯隊交戰的同時，使用遠程火箭彈與攻擊機對敵第2梯隊進行打擊，

待蒙受損失的敵第2梯隊前進後，第1線部隊再發動逆襲

將之殲滅。

蘇軍第2梯隊

美軍第1線部隊

在前頁的範例中，第1格對第2梯隊造成的損害，與第2格第1線部隊的攻擊會相互「同步協調」。

空間縱深

時間縱深

同步協調

也就是說——
不只有在同一時刻對敵後方發動攻擊的同步協調（空間縱深），也會考量經過一段時間之後再發動攻擊的同步協調（時間縱深）喔！

須注意不要搞錯的是，「空地作戰」並非指某種特定攻擊方法。

迅速計畫、實行這種攻擊，掌握作戰主導權——

這樣的「思考框架」才是「空地作戰」喔！

引進空地作戰

以美國陸軍第11裝甲騎兵團團長身份參加過越戰的頓・史塔力（1925～2011），於1973年擔任TRADOC所屬陸軍裝甲中心指揮官時，曾參與FM100-5的修訂。

史塔力後來成為駐西德美國第5軍軍長，於冷戰最前線與華沙公約組織軍對峙。第5軍與同駐西德的第7軍一起構成第7軍團，成為駐歐美國陸軍的主力（另外，第11裝甲騎兵團也於1972年移駐西德的富爾達，改隸第5軍麾下，有狀況時會擔任該軍主力的掩護部隊）。

然而，擔任第5軍軍長的史塔力，卻認為若按照「積極防禦」準則行事，駐歐美國陸軍即便能成功自其他方面轉用兵力展開反擊，與兵力略勝一籌的華沙公約組織軍相互消耗之後，最後還是有可能會擋不住敵軍攻勢。

史塔力後來於1977年接任德普伊的位子，成為TRADOC司令官。他活用第5軍軍長時代的經驗，歸納出「中心作戰」這項新的戰術概念。雖然此概念與「積極防禦」一樣，核心是「火力」而非「機動」，但卻把擾亂以蘇軍為主力的華沙公約組織軍置於第1梯隊後方的第2梯隊，藉此 滯其行動的作為納入考量（關於蘇軍的「梯隊攻擊」，請參照第1課）。接著，對敵第2梯隊發動攻擊的這個著眼點，演變成將火力指向敵後方深處（火力包含空軍對地攻擊以及使用戰術核武），最終發展為具備空間與時間縱深的擴張戰場（extended battlefield）概念。

另一方面，在五角大廈負責陸軍作戰計畫的副參謀長，後來成為陸軍參謀長的愛德華・C・邁耶將軍，也對TRADOC無法針對「積極防禦」的各項疑問提供充份回答這點抱持疑慮，遂於1979年要求擔任TRADOC司令官的史塔力對FM100-5進行重

新檢討。TRADOC 接獲指示後，便以陸軍指揮參謀學院（Command and General Staff College，簡稱CGSC）的戰術部為中心，著手編寫新準則。

1981 年，TRADOC首先以司令官史塔力的名義，發布文宣525-5《作戰概念－空地作戰與軍級部隊 '86－》，公布「空地作戰」這項新型作戰概念。接著，美國陸軍則在1982年正式採用修訂版的FM100-5「空地作戰」準則。

附帶一提，美國在1980年代又開始重新評價克勞塞維茨的用兵思想，稱為「克勞塞維茨復興運動」。這對此時期以降的美國陸軍與後述的美國陸戰隊準則造成頗大影響。

空地作戰的基本概念

美國陸軍的「空地作戰」，若只按字面解讀，會覺得這套準則是以航空部隊與地面部隊密接協同作為主軸。然而，空地協同卻只是這套準則的其中一面（雖然也很重要）。

「空地作戰」若按前述林德的「機動戰」與「火力／消耗戰」二分法分類，並非像「積極防禦」那樣，是重視有秩序的火力發揚，以物理方式破壞敵方兵力的「火力／消耗戰」型準則，而是意圖讓敵方無法進行組織性行動，重視速度與機動的「機動戰」型準則。

這裡所說的機動，並非指單純的部隊移動（move），而是指所有應對敵軍的行動，以及各種調兵遣將的要素。至於這種想法的基礎，則是來自對克勞塞維茨所言「與敵方的相互作用」的明確認識（詳情請參照上集第2課）。

另外，「空地作戰」中的縱深（deeps），除了空間之外，也包含時間上的縱深。也就是說，所謂的「擴張戰場」，並不只是單純

把戰場面積擴大至敵後區域，在過去與未來的時間軸上也會進行擴張。另外，「空地作戰」中的同步協調，也不只是讓數支部隊在同一時刻相互協調，而是包含經過一段時間之後才會發揮同步協調效果的手段。

以具體範例來看，當我方前線部隊與敵方第1梯隊交戰時，也派出我方對地攻擊機與遠程多管火箭對敵後方的第2梯隊進行打擊，等到蒙受損失的敵方第2梯隊推進至第1線時，我方前線部隊再行發動逆襲，大概是像這樣。換句話說，在某個時間點對敵後方第2梯隊進行的打擊，會與之後我方前線部隊發動的逆襲產生「同步協調」效果。

比敵軍更迅速（agile）計畫、實行這樣的行動，藉此讓敵忙於應對，掌握主導權，並且持續進行下去，讓敵方的決心下達與行動陷入混亂，終致無法維持有組織的行動（請參照上集第5課的「突擊部隊與滲透戰術」項目，以及第6課「裝甲師的作戰節奏」項目）。如此一來，即便無法以物理方式擊垮敵方兵力，也能獲得勝利。

這種「空地作戰」的核心，並不只是攻擊、防禦等行動本身，而是構成這些行動的基礎思考方式，也就是「思考框架」。讓全軍共有這種思考框架，便能減輕戰爭的「摩擦」，在空間與時間縱深中迅速進行同步協調，掌握主導權。

引進作戰術

到了 1986 年，FM 100-5 又再度進行修訂，正式採用陸軍戰爭學院（Army War College）研究的作戰術概念。這裡又要再提一次，蘇軍早在第二次世界大戰之前，便已明確定義「作戰術」的概念。也就是說，美軍比蘇軍晚了半個世紀，才終於引進「作戰術」這種概念。

一如前述，美軍在越戰當中，並未成功將微觀的「戰術層級」勝利連結至宏觀的「戰略層級」目標達成。至於失敗的原因，美國政治學家愛德華・勒特韋克（1942 年～）認為，當時美軍並不具備補足「戰略」與「戰術」之間空白的概念，因此戰術行動並未能對達成戰略目標帶來幫助。

在「空地作戰」當中，微觀的「戰術層級」與宏觀的「戰略層級」中間加入了「作戰層級」，引進「戰爭階層構造」概念，且在「作戰層級」採用「作戰術」作為謀策。

引進「作戰層級」與「作戰術」之後，美國陸軍便有辦法規劃一連串「戰役」，讓「戰術層級」的個別戰鬥行動能夠相互具備關聯性，藉此達成「戰略層級」的戰略目標（關於「戰役」，請參照第1課）。

機動作戰

「機動作戰」是從1989年的陸戰隊教範FMFM1《戰爭戰鬥》開始採用。

「空地作戰」是由TRADOC這樣的專門組織催生而出，相對於這種上情下達的變革，

「機動作戰」則是靠著眾多基層軍官支持而促成，屬於下情上達的變革！

依據越南戰爭的經驗，對重視火力的消耗戰開始抱持疑問，

從中途開始，是由我強力推動的喔！

小阿爾弗雷德・M・格雷（1928年～）

美國陸戰隊邁向機動戰之路

接著，讓我們來看看美國陸戰隊採用的「機動作戰」準則吧。

一如前述，美國陸軍藉由1982年的修訂版FM100-5《作戰》正式引進「空地作戰」準則。另一方面，美國陸戰隊則於1989年發佈的艦隊陸戰隊教範（Fleet Marine Force Manual）FMFM 1《戰爭戰鬥》正式採用「機動作戰」準則。也就是說，陸戰隊比陸軍稍晚採用「機動戰」。

另外，一般所說的機動作戰（maneuver warfare），是相對於「火力／消耗戰」而言的所有「機動戰」，並非指之後要敘述的美國陸戰隊特有「機動作戰」準則。換一種說法，美國陸戰隊的「機動作戰」準則，是一種包含於廣義「機動戰」當中的一種作戰方式。

博伊德與OODA迴圈

那麼，就讓我們進入主題吧。事情要回溯至（與美國陸軍一樣）越南戰爭。

這場戰爭有許多陸戰隊軍官參與，在與越共打過反游擊戰之後，這些軍官開始對以往陸戰隊以火力為核心的消耗戰型準則開始或多或少抱持疑問。越南戰爭後的1979年，在陸戰隊兩棲作戰學校（現在的遠征作戰學校）擔任戰術部長的麥克·D·威利（1939年～），也是當年曾經參戰的軍官之一。

威利與前述強烈批判陸軍「積極防禦」準則的林德，在該年秋季於學校舉辦的演習中巧遇，這是他們初次會面。威利在林德推薦下，接觸美國空軍退役上校約翰·博伊德的想法，並決定請他前來學校演講。

博伊德在韓戰（1950～53）期間擔任戰鬥機飛行員，他活用參戰經驗，確立一套稱作「能量機動」的空戰理論，這套理論（在此不詳述）對於之後的空軍戰鬥機研發設計帶來很大的影響。

另外，博伊德也透過分析空戰，創造一套以「OODA迴圈」為主軸的決心下達理論。所謂「OODA迴圈」，是由以下一連串循環所構成的迴圈。

觀察（Observe）：蒐集第一手資料（data）。

判斷（Orient）：判讀資料，將其轉換成有價值的資訊。

決心（Decide）：執行包含實行手段在內的決心下達。

實行（Act）：實際發起行動。

若以戰鬥機飛行員為例；首先要發現敵機，並「觀察」其姿態與動作，再來則是「判斷」對方是何種機型、有何意圖（例如敵MiG-15戰鬥機意圖攔截我B-29轟炸機），接著要「決心」自敵機上方背對太陽發動襲擊，最後便「實行」轉彎爬升操作，大概是像這樣（附帶一提，戰鬥機的機動操作英文也稱maneuver）。

博伊德將這種「OODA迴圈」應用於所有戰鬥，透過迅速執行循環，對敵保持優勢，並設法擾亂敵方迴圈，讓其無法進行有組織的行動。

在前述的「任務式指揮」當中，上級指揮官會將部份權限授予下級指揮官。如此一來，下級指揮官就不須——向上級指揮官報告狀況，也不必等待相對應的新命令，便能自行下達決心，迅速進行處置。這也就是要縮小決心下達迴圈，藉此加速循環、對敵保持優勢；就這點來看，與博伊德的想法著實具有共通性。

將博伊德的思想加以歸納，並且普及推行的則是林德。

林德於1985年出版了《機動作戰手冊》，他在手冊中解說克勞塞維茨提及的「摩擦」，並且說明縮小決心下達迴圈，藉此加速循環的「任務式指揮」優點。為了讓敵方無法進行組織性行

◆ OODA 迴圈

觀察 Observe
蒐集第一手資料

判斷 Orient
判讀資料，將其轉換成有價值的資訊

實行 Act
實際發起行動

決心 Decide
執行包含實行手段在內的決心下達

約翰・博伊德退役空軍上校
將原本用於空戰的「OODA 迴圈」
應用於所有戰鬥，
透過加速迴圈循環的方式對敵保持優勢，並
且擾亂敵方迴圈，
讓其無法進行有組織的行動

這與「任務式指揮」有著異曲同工之妙呢！
（參照《近代篇》第120頁）

動，必須重視速度與機動，為「機動戰」打下理論基礎。

機動戰研討會與《陸戰隊月報》

另一方面，在兩棲作戰學校聽完博伊德演講的學生（上尉等級），有數人留下來與威利持續討論至深夜。

威利在他的第2任期（1980～81）聘請林德來校教授戰術，開課講授「機動戰」。雖然有學校教官反對強烈批評陸軍「積極防禦」準則的林德前來開班授課，但在威利強力推動下仍然得以實現。

接著，因為這堂課而對「機動戰」抱持興趣的數名學生，又邀請林德對非正式的課外研討會進行指導，在週末於威利的官舍或林德自宅私下開會討論。

另外，這個研討會的成員，也在陸戰隊的官方刊物《陸戰隊月報》上持續投稿關於「機動戰」的文章。雖然這在陸戰隊內部引發有關「機動戰」的論爭，但也因此促使陸戰隊員開始積極進行關於「機動戰」的意見交流。

也就是說，陸戰隊催生新準則的過程，並非像陸軍的「空地作戰」那樣，是由TRADOC這種官方專責組織執行正規業務，以「中央集權」方式進行，而是由少數支持「機動戰」的人透過非正式社團的自發性活動，使個別陸戰隊員對「機動戰」的理解得以加深，採用「分權」方式進行。

格雷師長與機動戰委員會

1981年自兩棲作戰學校畢業的軍官，在分發部隊後也持續自主研究「機動戰」、舉辦研討會。其中，於美國東岸北卡羅來納

州勒瓊營區陸戰隊基地成立的機動戰研究團體，獲得師部位於該基地的第2陸戰師師長小阿爾弗雷德・M・格雷（1928年～）將軍支持，於該師內部升格成正式的「機動戰委員會」。

這個機動戰委員會除了深化對「機動戰」的研究，也意圖將其概念帶入實踐階段，開始進行各種活動。具體而言，他們會開設有關「機動戰」的課程與研討會、製作訓練指引、編纂術語辭彙、挑選必讀書單、介紹最新論文、發行公報以普及相關資訊等。

除此之外，格雷師長也會透過各種機會鼓勵「機動戰」，第2陸戰師不斷讓套用「機動戰」概念的部隊從事演習。舉例來說，1981年秋季，在美國東岸的維吉尼亞州皮克特堡演習場，格雷師長便曾指揮各兵種協同的部隊演習。

原本陸戰隊的準則編寫，應該是由負責教育陸戰隊員與引進新系統的陸戰隊發展教育中心職掌相關業務。然而，該單位卻要到1983年，才於內部成立專責編寫準則的陸戰隊準則中心。

到了這個時期，鑑於第2陸戰師的部隊演習成果，陸戰隊內部支持「機動戰」的勢力已與日俱增。

格雷總司令與FMFM 1《戰爭戰鬥》

1983年，美軍與加勒比海諸國軍隊一起進攻位於加勒比海的島國格瑞那達。在這場作戰中，第2陸戰師的2／8營登陸部隊成功展現了「機動戰」的成果。

第2陸戰師的格雷師長，在1984年成為第2陸戰遠征軍（Ⅱ MEF）司令兼大西洋陸戰隊司令（第2陸戰遠征軍是以第2陸戰師作為骨幹的軍級聯合兵種部隊），1987年則晉任陸戰隊總司令。

格雷總司令認為必須具備一套作為陸戰隊整體共通方針的教

範，讓其成為陸戰隊的最高準繩，名稱訂為《艦隊陸戰隊教範FMFM1》。負責編寫FMFM1的人，是服務於陸戰隊準則中心的約翰・F・施密特（1959年～）上尉。施密特對「機動戰」相當熱衷，曾於第2陸戰師擔任排長，並參與過前述的皮克特堡部隊演習。

格雷總司令並未透過陸戰隊準則中心這個正式機構，而是讓施密特以直屬總司令的方式著手編寫教範。也就是說，這是在總司令親自授命下編寫而成的陸戰隊最高級別教範。

然而，格雷其實並沒有對施密特進行太多指導，且對文章寫法與辭彙運用等具體事項也完全沒有插手，施密特因此理解格雷正是按照「機動戰」的原則進行指揮。也就是說，格雷對於教範的具體編寫方法，只要是在自己的「企圖」範圍內，都讓施密特自主發揮。

1989年3月，完成FMFM1編寫的施密特，帶著校正用稿前往格雷官舍。格雷完全沒有修正，便認可這份教範，允許配發各部隊。如此一來，美國陸戰隊雖然晚了美國陸軍一步，但也正式採用了機動戰（maneuver warfare）。

FMFM1《戰爭戰鬥》的哲學

FMFM1《戰爭戰鬥》的開頭，是以格雷總司令的名義，寫下「這份手冊是用以闡述我的戰爭戰鬥哲學」序文。接著，在序文當中還如此記述：

「貴官應該都有發現，這本教範並未記載具體實踐的技術與程序，而是以概念和價值觀的形式闡述大方向，在實際運用之際，必須自行具備判斷能力」

也就是說，它雖然是一本教範，但卻沒有記載具體技術與程序。FMFM 1的重點，在於敘述作為「機動戰」基礎的戰爭觀與思考框架（超越陸軍的FM 100-5）。

除此之外，FMFM 1的戰爭觀也受到克勞塞維茨的強烈影響。例如克勞塞維茨在《戰爭論》開頭的第1篇第1章，將戰爭如此定義：「所謂戰爭，是一種強迫對方接受我方意志的暴力手段」※1。而在FMFM 1第1章「戰爭的本質」開頭的小標題「戰爭的定義」當中，則寫道「戰爭的本質，是意圖將己方意志強加於對手的兩造敵對獨立且不相容意志的激烈鬥爭」，可以見得的確受到克勞塞維茨思想的強烈影響。另外，此章的小標題還有「摩擦」與「不確定性」等，內容基本上與克勞塞維茨的思想相仿。

至於FMFM 1記述的「思考框架」，則有包含戰爭階層構造（Levels of War）的概念；為了達成戰略目標，必須利用戰術成果，含有「作戰術」的概念。也就是說，FMFM 1的內容除了克勞塞維茨之外，也有加入蘇聯發展出的用兵思想。

※1：以下克勞塞維茨的言論皆引用自（日本克勞塞維茨學會譯）《戰爭論雷克拉姆版》（芙蓉書房出版，2001）。

何謂「機動」

格雷將軍
如此寫道——

這份手冊闡述的是
我的哲學

以概念和價值觀的形式
闡述戰爭戰鬥的大方向！

如同格雷將軍所言，
這本教範並不是用來解說具體技術，
而是將重點擺在「思考框架」喔！

它比陸軍的FM-100-5（空地作戰）
還要重視理念呢！

「摩擦」
「不確定性」

為什麼不講具體技術？

那是因為受到我提出的
「戰爭沒有絕對法則」思想
強烈影響所致。

克勞塞維茨

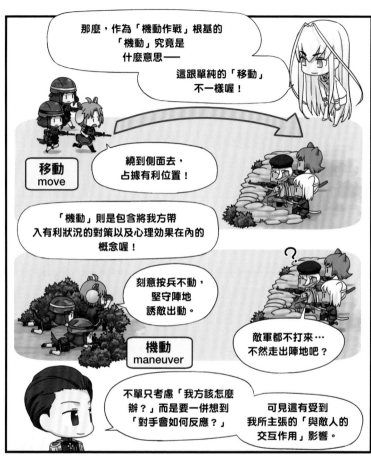

那麼，作為「機動作戰」根基的
「機動」究竟是
什麼意思——

這跟單純的「移動」
不一樣喔！

移動
move

繞到側面去，
占據有利位置！

「機動」則是包含將我方帶
入有利狀況的對策以及心理效果在內的
概念喔！

刻意按兵不動，
堅守陣地
誘敵出動。

機動
maneuver

敵軍都不打來…
不然走出陣地吧？

不單只考慮「我方該怎麼
辦？」而是要一併想到
「對手會如何反應？」

可見這有受到
我所主張的「與敵人的
交互作用」影響。

有鑑於此，
maneuver warfare也能詮釋為
「機略戰」或「詭道戰」喔！

美國陸戰隊的「機動」是指什麼？

陸戰隊機動作戰（maneuver warfare）準則中的「機動」，並非單指部隊移動（move），而是包含為了達成我軍目的，對敵形成優勢而採行的所有手段，是一種較廣泛的概念。例如對敵造成心理優勢的謀略，也包含在 maneuver 的意義當中。也就是說，在採取行動時，不單是要考慮「我方該怎麼辦？」，而是要一併想到對手會如何反應？（克勞塞維茨所言「與敵人的交互作用」）。

進一步來說，欺騙與算計敵人的作為，就廣義而言，也都包含在 maneuver 的範圍之內。簡單講，對敵在各種面向上形成優勢的所有技巧手段，都包含在其定義範圍。為此，有些日本研究者為了強調這種謀策面向，會將 maneuver warfare 翻譯為「機略戰」，甚至會搭配《孫子兵法》的「兵者，詭道也」，將之詮釋為「詭道戰」。

該如何實踐「機動作戰」？

至於 FMFM1 用以實踐「機動作戰」的手段，則包括任務式戰術（mission tactics）指揮手法，以及指揮官的企圖（commander's intent）、致力的焦點[1]（focus of effort）、表面與空隙（surfaces and gaps）等概念。

所謂「任務式戰術」，是指揮官並不明確指示達成任務的方法，僅對部下賦予「任務」的戰術，其實也就是「任務式指揮」。採用此法時，長官對部下賦予的任務，是由必須達成的「目標」與長官的「企圖」所構成。「目標」指的是實際執行的行動，「企圖」則是希望透過該行動獲得的理想結果。

所謂「指揮官的企圖」，指的是意圖獲得的理想結果。即便狀

況產生變化，使得「目標」不再適用，但只要指揮官的「企圖」貫徹不變，依舊能夠作為部下的行動方針。只要部下能夠理解指揮官的「企圖」，即便狀況大幅變化，仍可依照指揮官的想法採取行動。

所謂「致力的焦點」，指的是針對能對敵人產生最大效果、最能為我方帶來成功的目標，集中投入具有決定性的戰力。

至於「表面與空隙」，簡單來說，表面（surfaces）是指敵方的強項，空隙（gap）則是敵方弱點。作戰時要盡可能利用已經存在的敵方「空隙」，若無隙可乘，就要設法製造「空隙」。

這裡所說的「空隙」，除了空間之外，也包含時間在內；舉凡兩支部隊的間隔、防空網的交界、沒有備妥開闊地形的步兵部隊等，諸如這類敵方部隊過於暴露、顯現弱點的瞬間皆包括在內。

另外，會使車輛移動受到限制的森林地貌，對應裝甲部隊算是「表面」，對能穿越入侵的步兵部隊來說則是「空隙」。敵人可能還會將其配置加以偽裝，假裝成「空隙」，實則意圖引誘對手進入「表面」，像這種狀況也是考量範圍之一。

※1：將原文的「effort」翻譯為「致力」。

實踐機動作戰的手段

任務式戰術

所謂任務（mission），是由必須達成的目標（object），以及藉此得以實現的上級指揮官企圖（intent）所構成。

企圖

設法切斷敵後方連絡網。

目標

應奪取能扼制補給線的山丘！

這也就是「任務式指揮」啦！

指揮官的企圖

即便「目標」不再適用，只要能夠正確理解「企圖」，仍能按照上級指揮官的想法採取行動。

敵人似乎已經轉移陣地。

目標不再適用

那座山丘已經沒用了說…

嗯

這座山丘應該有辦法截斷！

也就是說，為了達成企圖，必須選擇適切手段（目標）。

致力的焦點

針對最具效果、最有可能取得成功的要點集中戰力。

敵人防禦堅強，即便發動攻擊，效果也很薄弱。

表面與空隙

兵之形，避實而擊虛！

有機可乘！一旦看準空隙，便要全力出擊！

尋找敵人弱點、能有效發揮之處…

有時還得主動製造機會…

假動作？

MCDP 1《戰爭戰鬥》

之後，FMFM 1《戰爭戰鬥》於1997年改編為陸戰隊準則（Marine Corps Doctrinal Publication）MCDP 1《戰爭戰鬥》。

原本的FMFM 1是寫給陸戰隊軍官看的，而修訂版MCDP 1的對象則是從士兵到上將的所有陸戰隊員。然而，就內容來看，最重要的「思考框架」並沒有太大變化。舉例來說，以陸戰隊總司令查爾斯·C·克魯拉克（1942年～）將軍名義寫下的序文，便有以下記述：

「這份文件以非常簡要的方式闡述展現美國陸戰隊特色的哲學，其所包含的思想並不只有戰鬥行動指引，而是全面性的思考。這份文件將說明吾人該如何準備戰鬥，以及賦予之所以相信必須如是作戰的基盤。

這份文件的內容並不包含具體實踐的技術與程序，而是以概念和價值觀的形式闡述大方向，運用之際必須自行具備判斷能力」

時至今日，美國陸戰隊依舊以這份「機動作戰」準則為本。而《戰爭戰鬥》除有影響美國其他軍種，也對其他國家軍隊的用兵思想帶來不少影響。

■第2課總結

① 第二次世界大戰剛結束時的美國陸軍用兵思想,受到克勞塞維茨等普魯士/德國用兵思想的強烈影響。

② 越南戰爭時期的美軍,因為過度重視定量分析,並且採行「微觀管理」,使得麥納馬拉國防部長引進的「經營管理」手法出現負面影響。

③ 越南戰爭時期的美軍,並未將「作戰術」概念明確付諸文字,因此無法將微觀層級的「戰術」勝利連結至宏觀層級的「戰略」目標達成。

④ 自越南撤退後,美國陸軍新成立負責研究準則的TRADOC(訓練暨準則司令部)。1976年修訂FM100-5,採用「火力/消耗戰」型的「積極防禦」準則。然而,這卻遭到林德等人嚴厲批判。

⑤ 1982年,TRADOC再度修訂FM100-5。在擴張的戰場上採取同步協調行動,比敵人更加迅速完成計畫並且付諸實行,藉此掌握主導權。此外,也要擾亂敵方決心下達與行動,讓其無法進行組織活動,採用「機動戰」型的「空地作戰」準則。1986年修訂版的FM100-5,正式引進「作戰術」概念。

⑥ 至於美國陸戰隊，越南戰爭後的1979年，在兩棲作戰學校擔任教官的威利，聘請林德與博伊德等人前來擔任講師。因此對「機動戰」產生興趣的學生，會私下舉辦研討會，且畢業後仍持續活動。在第2陸戰師的格雷師長支持下，研討會正式升格為「機動戰委員會」。在1983年的格瑞那達進攻作戰中，第2陸戰師的2／8營登陸部隊便以「機動戰」取得成果。

⑦ 格雷於1987年晉任陸戰隊總司令，1989年以上情下達方式制定「機動戰」型FMFM1《戰爭戰鬥》。之後，這份文件於1997年改編為MCDP1《戰爭戰鬥》，但最重要的「思考框架」並無太大變化，目前美國陸戰隊仍舊是以這份「機動作戰」準則為本。

第**3**課

俄羅斯的混合戰

2014年的危機與混合戰

2014年2月，烏克蘭首都基輔爆發親歐美群眾運動，推倒了亞努科維奇政權（21日），並建立反俄、親歐美的臨時政權（23日）。

2月27～28日，克里米亞半島出現不知是何方神聖的武裝集團。他們陸續占領自治共和國議會、自治政府大樓，以及機場等民生設施。

什、什麼人!?

首都基輔

克里米亞半島

武裝集團之後陸續增加，3月上旬便控制大部份半島

武裝集團明顯包含俄羅斯軍，但俄羅斯對此卻閃爍其詞。

他們只是當地民兵。

在他們四處作亂時，克里米亞議會表決通過脫離烏克蘭，加入俄羅斯。3月21日，克里米亞成為俄羅斯聯邦的一員。

蒲亭總統

俄羅斯以電光石火的「侵略」奪下克里米亞，

據說這個事件的背後包含俄羅斯以政宣工作與心理作戰發動的「混合戰」，

至於什麼是「混合戰」？就是這堂課要講的內容。

整合軍事／非軍事的各種手段

混合戰是俄羅斯在2014年的烏克蘭東部衝突與克里米亞危機採取的新型戰爭手法，讓美國與西歐諸國等西方陣營安全保障相關人士大幅關注。特別是克里米亞半島，僅花了一個多月便加入俄羅斯聯邦，為各界帶來莫大衝擊。

至於該如何定義混合戰（hybrid war／hybrid warfare），舉例來說，依據2014年NATO（北大西洋公約組織）峰會發表的《威爾斯峰會宣言》，將其描述為「在高度整合計畫下運用的公然或非公然軍事、準軍事、民間手段」[※1]。

更具體來說，這種戰爭方式不只是派出戰車部隊或步兵部隊發動攻擊，也包括電波干擾、網路攻擊、以滲透人員從事政治宣傳、運用社群網路發動心理作戰、施予外交壓力與經濟壓力等，囊括軍事與非軍事手段，範圍相當廣，且作用更為直接。從事這些行為的主體，除了隸屬國家的正規軍之外，也包含民兵、軍閥等準軍事組織，以及私人軍事服務公司等民間組織，甚至是個別有心人士。混合戰對之後的西方諸國用兵思想帶來相當大的影響，第3課就讓我們來看看混合戰到底是怎麼一回事。

克里米亞危機

首先，讓我們來回顧一下令各界聚焦混合戰的契機，也就是克里米亞危機與烏克蘭東部衝突的事發經過。

2014年2月下旬，烏克蘭因維克托・亞努科維奇政權造成的經濟停滯與貪污問題，在首都基輔爆發大規模動亂，致使政權垮台（親俄的亞努科維奇總統離開基輔，應該是逃去了俄羅斯），並成立反俄傾向強烈的臨時政權。

後來，原本就有眾多俄系居民的克里米亞半島，在2月27日突然出現不明人士占領該地議會等處。接著，不明蒙面部隊又占據政府機關與主要民生設施，這些蒙面部隊被認為應該是來自俄軍的特戰軍或空降軍等精銳部隊。28日，俄軍派出海軍步兵（陸戰隊）占據克里米亞半島的港口與機場。待後續部隊抵達，3月5日便解除該地大部份烏軍部隊武裝，3月底即控制整座半島的烏軍基地。

在此期間，克里米亞半島除了出現要求併入俄羅斯的民間運動，親俄派的示威群眾也和支持基輔臨時政權的市民爆發衝突。除此之外，還組織了親俄派民兵，切斷半島與烏克蘭本土的交通往來。遭親俄派掌控的克里米亞議會，於3月6日提出併入俄羅斯的議案，宣布獨立為克里米亞共和國。同月16日，在獲得公投壓倒性支持下，17日便決議脫離烏克蘭，加入俄羅斯聯邦。就這樣，克里米亞從基輔爆發大規模動亂開始，僅經過一個多月便加入了俄羅斯聯邦。

烏克蘭東部衝突

另外，俄系居民眾多的烏克蘭東部，也於該年3月發生動亂。此動亂原本被認為是由所謂「大俄羅斯」主義民族主義者與當地黑道角頭等江湖龍蛇發起。

然而，到了4月，頓涅茨克州的斯洛維揚斯克卻出現蒙面武裝集團，占領了政府機關。率領這支武裝集團的人，是俄羅斯聯邦軍總參謀部情報總局（GRU）※2出身的俄國人伊戈爾・基爾金。接著，隔壁的盧甘斯克州也如法泡製，讓親俄武裝勢力的控制區進一步擴大。在該月之內，這些地區分別宣佈建立頓涅茨克人民共和國與盧甘斯克人民共和國，並於5月組成新俄羅斯-人

民共和國聯盟。

對於此番舉動，烏克蘭政府（臨時政權）將其認定為反政府組織叛亂，投入以陸軍部隊為主力的反恐作戰（ATO）部隊進行鎮壓。這支ATO部隊與親俄武裝勢力的烏合之眾相比，不僅兵力較多，訓練與裝備素質也占優勢，再加上有航空部隊支援，沒多久就規復了大半地區。然而，俄羅斯此時卻在烏克蘭邊境附近展開軍事演習，意圖威嚇烏克蘭。此外，他們也對親俄勢力提供包含防空飛彈與戰車等重裝備在內的軍事援助，使得烏軍損失與日俱增。

即便如此，ATO部隊與未經大規模戰鬥訓練的親俄武裝勢力交戰時依舊占優勢，使得親俄勢力控制區與俄羅斯邊境的連絡看似馬上就會被切斷。然而，俄國卻於8月下旬對烏克蘭東部投入規模約4000人的俄羅斯正規軍。ATO部隊遭訓練有素的俄軍攻擊後損失慘重，只能於9月簽訂所謂「第1次明斯克協議」，宣告停戰。

不過之後戰鬥依舊持續，2015年1月至2月，在頓涅茨克州的傑巴利采沃附近爆發了激烈戰鬥。此役除了俄軍部隊外，還投入在俄國境內受過戰鬥訓練的武裝勢力，令ATO部隊大受打擊。雖然雙方又簽署「第2次明斯克協議」宣告停戰，但仍有持續發生零星戰鬥。

烏克蘭東部的衝突之所以會像這樣反覆拉鋸，是因為政府的武裝部隊強過武裝勢力烏合之眾，但訓練有素的正規軍精銳部隊卻又更加強大。由此可見，即便是混合戰，精實的軍隊依舊有其存在價值。

※1：這份《Wales Summit Declaration》中的定義原文為：A wide range of overt and covert military, paramilitary,and civilian measures are employed in a highly integrated design.。

※2：總參謀部情報總局（GRU）是直屬總參謀部的軍事情報機關。

混合戰的焦點

俄羅斯軍的營級戰術群（BTG）

在俄軍發動的混合戰中，之後敘述的幾項要素最為受到西方陣營安全保障人士關注，以下就讓我們依序來看。

在軍事手段當中，首先要提的是營級戰術群（Battalion Tactical Group，BTG）。

所謂BTG，指的是俄軍於2009年大改革時，從部隊基本單位「旅」派出以摩托化狙擊營（相當於其他國家的機械化步兵營）為骨幹，臨時編成的加強營規模聯合兵種部隊。具體編成範例，是以1個摩托化狙擊營（3個摩托化狙擊連）為主幹，加上1個戰車連、1個反裝甲連、3個自走砲連、2個防空連（其他還有各種不同編組方式）。

通常自走砲連會包含可以一口氣發射大量火箭彈的多管火箭發射車，於瞬間發揚非常強大的火力。另外，防空連的地對空飛彈則會形成防空火力，阻擋敵航空部隊進行對地支援，使部隊得以在保護傘下遂行機動。除此之外，BTG還具備高階電戰能力，可干擾敵軍利用網路從事戰鬥（關於俄軍的電戰能力，詳情會在後面敘述）。即便沒有上級部隊支援，BTG在短期間內仍有能力獨立行動。

具有這些特徵的俄軍BTG，除了在前述烏克蘭東部衝突中對烏軍ATO部隊造成重大打擊，近年也曾在中東的敘利亞等處投入實戰，並且取得戰果（但也有遭到擊退）。

BTG包含電子作戰等多項機能，既可瞬間發揚強大火力，也具備主力戰車，與美國陸軍的快速反應單位史崔克旅級戰鬥隊

（以史崔克8輪甲車為主力裝備的聯兵旅）相比，在許多方面都略勝一籌，威脅性相當大。

高階電戰能力

俄軍在烏克蘭東部衝突當中，展現了高階電子作戰能力。舉例來說，烏軍使用的俄製資訊通信器材，都被暗中植入所謂後門（用以入侵機器控制電腦的破口）。這些器材在戰鬥開始後便遭俄方遠端操控，導致機能停止。烏軍因此被迫只能使用抗電波干擾能力較軍用通訊網弱的民用無線通訊網與手機，但俄軍也對這些網路進行電波干擾。除此之外，俄軍連烏軍的衛星通訊與GPS衛星訊號都能干擾。他們會對仰賴GPS定位的烏軍UAV（無人飛行器）發送偽造定位電波，致使其墜落，是較具攻擊性的電子作戰。

俄軍也會偵測前線烏軍士兵使用的手機訊號，並以更強的電波讓其連上俄方控制的假基地台，藉此偽裝成長官下達假命令，或發送動搖軍心的簡訊。

也就是說，俄軍從事的並非只是電波干擾等古典電子戰，而是利用「後門」發動網路攻擊，且還會配合心理戰，展現更高段的作戰手法。

◆ 俄羅斯對烏克蘭的電子戰

■癱瘓資訊通信器材
俄製器材都被植入「後門」，可由俄方遠端操作癱瘓機能。

■假GPS定位資訊
俄羅斯會對衛星通信與GPS電波進行干擾，並且發送假的定位資訊，癱瘓烏軍UAV（無人飛行器）。

■偵測手機訊號並且蓋台
偵測前線烏克蘭士兵手機通訊電波，並傳送假命令或動搖軍心士氣的訊息。

UAV的活用

積極活用UAV，也是近年俄羅斯軍的特徵之一。

舉例來說，各旅會編列集中配置各種UAV的無人機連，麾下則依不同UAV機體規模與航程分成數個無人機排。以具體的例子來看，最大起飛重量2.4kg的石榴-1型配屬於「迷你排」，最大起飛重量15kg的海鷹-10型則編列在「短程排」，大概是像這樣。

無人機連配備的UAV，有些可以更換酬載器材，具備執行不同種類任務的能力。舉例來說，海鷹-10型至少就能肩負偵察與砲兵觀測兩種功能，可能還備有熱像儀，可進行夜間觀測。

另外，無人機連的UAV與電戰連的感測器、防空營的雷達、偵察營與通資排等旅屬情報／監視／偵察（Intelligence, Surveillance, Reconnaissance，ISR）部隊與裝備，還可依據任務需求進行臨時編組，具備網路構聯能力。舉個例子，執行砲兵觀測任務時，會由無人機連底下的「迷你排」與「短程排」UAV負責。UAV操作員標定目標座標之後，會將資訊傳遞給位於砲兵部隊觀測車上的觀測班，再由觀測班轉傳給射擊指揮所，應該會按照這樣的程序進行。

依據前述，海鷹-10型可變更酬載器材，應用於各種任務，聽說甚至還能偵測敵方反砲兵雷達（偵測敵火砲發射的砲彈，並反推其飛行路徑，標定發射位置）電波，具備電戰能力。另外，前述用來駭入烏軍士兵手機的纜繩-3型電戰系統的電波發射天線也能裝在UAV上。

也就是說，俄軍不光只讓UAV取代以往的偵察員與砲兵觀測員，還把它應用在電子戰與網路戰等廣泛領域，值得給予高度評價。

加強網路攻擊

俄羅斯對烏克蘭進行相當多樣化的網路攻擊。舉例來說，2015年12月，烏克蘭的電力公司曾遭網路攻擊，引發大規模停電。即便網路攻擊的詳細內容並未對外公開，若加上推測的部份，大致會像下面這樣進行：

首先，俄羅斯的網路作戰部隊會對烏克蘭電力公司發送假的電子郵件，藉此植入惡意軟體，在電力公司沒有察覺的狀況下盜取送電網控制系統的登入密碼。另外，他們也會偷偷傳送用來癱瘓終端控制螢幕畫面的惡意軟體。由於這種手法本身也會用於其他網路攻擊，因此並不算太特別。

接著，俄羅斯的網路作戰部隊在12月17日的下午4點過後便發送訊號，透過控制系統切斷烏克蘭各地22處變電站的斷路器，癱瘓送電網，導致大約8萬用電端停電。在此同時，他們也啟動惡意軟體，讓螢幕畫面全黑。

此外，電力公司的客服中心也遭到DDoS攻擊，麻痺供電端掌握停電申訴資訊的能力。所謂DDoS攻擊，指的是分散式阻斷服務攻擊（Distributed Denial-of-Service attack的簡稱），以多台電腦在短時間內針對攻擊對象網站與伺服器進行大量連線並不斷傳送封包，藉此將之癱瘓，這也是網路攻擊的常用手法。

像這樣，俄羅斯使用的每樣手法都不算特別高階複雜，但透過巧妙組合運用，使得烏克蘭電力公司別說是恢復供電了，連自家電網與控制系統到底發生什麼事情都無法充份掌握。如此一來，嚴冬中冰點下的烏克蘭，就有大約23萬人的生活面臨困境。

最後，這場停電是將電腦系統全部停止，改切換為手動，派遣作業人員前往烏克蘭全境130處變電站扳回斷路器才終於解決。

對烏克蘭的網路攻擊在這之後仍持續進行，2016年12月，利

用植入送電網控制系統惡意軟體的網路攻擊又再度發生。另外，2017年6月27日的烏克蘭行憲記念日，惡意軟體又駭入烏克蘭全境大約3成的電腦，癱瘓政府機關與民生企業的活動。

有鑑於此，西方陣營認為俄羅斯不僅透過BTG與各種UAV加強以往戰爭都會運用的物理性質戰鬥力，對於現代戰爭而言重要性與日俱增的網路虛擬空間（virtual domain）戰鬥能力也有顯著提升。

對眾人的認知戰

在克里米亞危機與烏克蘭東部衝突當中，俄羅斯也對輿論進行相當操作。

一如前述，克里米亞與烏克蘭東部原本就是俄系居民占多數的地區。這些居民大多都是透過俄語電視節目或網際網路取得資訊，對於2014年2月的烏克蘭政變，比起「追求自由的民眾革命」，他們多半會將其認知為「違法政變」。

在這樣的背景下，俄羅斯又展開諸如「烏克蘭臨時政府只顧美國等外國利益」、「都是美國在背後搞鬼」、「克里米亞是俄羅斯自古以來神聖不可分割的一部份」等政治宣傳。除此之外，烏克蘭廣泛使用的俄資SNS也會刪除對烏克蘭政變抱持正面態度的貼文，使得網路虛擬空間的風向被帶成全面支持俄羅斯主張。

有鑑於此，爆發克里米亞危機之際，當俄軍部隊開抵各地，甚至還有不少民眾簞食壺漿歡喜迎接。另外，烏克蘭東部改由俄羅斯陣營實質統治的地區，也開始播放俄國電視台的節目。

也就是說，俄羅斯有意識到會對眾人情勢認知帶來影響的「敘述（Narrative）」重要性，並刻意將之應用於克里米亞危機。換句話說，俄羅斯除了虛擬空間之外，在人類的認知領域

對於烏克蘭東部的俄系居民，俄羅斯透過俄語媒體與SNS散佈否定基輔政變的資訊。只要持續接受這樣的資訊，便會讓眾人釀成接受俄羅斯主張的心理。

（cognitive domain）也有開戰，這個點同樣讓西方陣營相關人士投以關注。

投入隱藏「戰力」—PMC與蒙面部隊

所謂私人軍事服務公司（PMC），指的是以負擔部份軍隊角色的方式換取金錢的「民間企業」。

2000年代初期，由於一直在伊拉克、阿富汗打反恐戰爭，因此於美國急速成長。

原本是為因應戰爭擴大、彌補兵員不足，讓他們分擔後方業務（設施警衛、要人保護、物資運送），但後來也陸續直接參與軍事行動。

到了近年，據說俄羅斯還會利用PMC掩人耳目從事國外軍事作戰。

運用PMC有以下幾項好處喔！

議會反對派遣兵力！

①不用經由議會或行政機構

不須經過繁複的政治、行政程序就能運用，甚至還能秘密投入。

○○國裡完全沒有我軍士兵！

但是有PMC啊…

就算死了也能裝作不知道。

② 可與國家切割使用

即便軍事行動曝光，由於是「民間企業」，因此國家也不會被究責。

③ 便宜

私人軍事服務公司的契約戰鬥人員雖然就短期來看必須支付高薪，但由於不須負擔訓練與福利等經費，因此就長期而言成本低於士兵。

年金
福利
訓練費
薪水

薪水

當作「地下軍隊」使用的私人軍事服務公司

近年來，俄羅斯雖然對外不承認，但卻時常利用國內的私人軍事服務公司（Private Military Company，PMC）公然進行軍事介入。其實PMC在俄羅斯根本就不合法，公司是登記在外國，但在俄羅斯境內偽裝成一般公司辦理登記，可見有獲得政府默認[1]。

一般而言，PMC並不會在前線從事戰鬥，而是在衝突地區負責保護人員、設施，並對戰鬥與隨扈工作提出相關建議，以及進行軍事訓練、情報蒐集分析、軍品維護採購等後勤支援項目，還有處理爆裂物，此類非戰鬥業務可謂琳瑯滿目。

那麼，這些業務為什麼會交給PMC，而非由正規軍隊呢？

委託PMC的好處有以下幾點：

不用在議會唇槍舌戰，也能省去耗時費力的行政程序，可以迅速動員。既然表面上是以個人身分參加，而非國家強制動員，萬一不幸陣亡，政府可迴避直接究責，藉此降低派員帶來的政治風險。另外，培養與維持正規軍人的必要花費——包括食宿、被服等個人裝備、從武器到擦屁股的衛生紙等物資，以及將人員訓練到能上戰場的訓練費用，都能獲得節省。雖然短期必須支付高額報酬，但卻能免去負傷醫療費、陣亡撫恤金、退伍終身俸等，長期來說可減輕人事支出。除此之外，既然他們不是國家擁有的軍隊，只是進行民間企業活動，萬一捅了什麼簍子，國家也不太會遭到國際責難，好處大概是像這樣。

由於有這些優點，因此西方陣營多會將各種業務委託給PMC執行，例如在伊拉克戰爭（2003～11）與阿富汗戰爭（2001～21）期間，保護物資運輸與重要設施等工作都有外包。至於俄羅斯，其實在1990年代前半的波士尼亞衝突時，就曾派遣私人保全企業盧比肯公司的志願兵前往當地值勤，很早就開始運用PMC。

「瓦格納」的暗中活躍

俄羅斯的PMC當中，最具規模的就是瓦格納（德國作曲家華格納的俄語發音）集團，2021年時組織成員達到5000人以上，其中大約2000～3000人是戰鬥員（稱為僱傭兵）。

該集團的詳細來歷充滿謎團，但據說是由蒲亭總統與其親交企業家出資，組織則是由曾經擔任俄羅斯聯邦軍總參謀部情報總局（GRU）軍官的德米特里・烏特金指導建構。事實上，該集團位於俄羅斯南部克拉斯諾達爾地區的莫爾基諾訓練場，旁邊就是GRU轄下特種部隊（Spetsnaz）第10獨立特戰旅的駐地，且兩者還共用靶場。除此之外，特種部隊本身也是該集團的人力來源。

瓦格納集團的僱傭兵曾投入烏克蘭東部衝突，持續支援親俄武裝勢力作戰。另外，始於2014年4月的利比亞內戰（第二次利比亞內戰），他們也前去支援哈利法・哈夫塔將軍領導的利比亞國民軍（LNA）。而在敘利亞內戰當中，為了支援巴夏爾・阿塞德政權，俄羅斯在2015年9月正式展開軍事介入之前，據說已派遣瓦格納僱傭兵投入戰鬥。

有鑑於此，西方陣營的安全保障相關人士會將瓦格納集團視為俄羅斯軍實質上的代理部隊（proxy）。

對西方陣營的非對稱戰

另外還有一點，就是俄羅斯的混合戰對於西方陣營軍事相關人士來說，會被視作一大威脅。

之所以會如此，是因為他們行使的諸多手段其實都已違反國際法，西方自由主義陣營很難比照辦理。例如投入不被國際法

（海牙陸戰法規與日內瓦條約等）認定為交戰者（享有戰俘權利等）的蒙面部隊，便已違反「有可從一定距離加以識別的固定明顯標誌」條文。

對於自由主義陣營而言，比照行使這類手段，除了會損及政治正確與其帶來的優勢，若以相同手段對抗，本身就會減低正當性。說得更具體一點，如果西方陣營自己也幹下這種「無視國際法的侵略行為」，就等同自行拋棄「遵守國際法與保護世界和平」的正當性與正面形象。

也就是說，就這點而言，雙方陣營之間存在非對稱性，自由主義陣營被迫得要進行不利於己的非對稱戰。

※1：雖然過去曾有幾次合法化的動向，但在撰寫本書時，依舊屬於不合法。另外，俄羅斯政府似乎也無法完全掌控PMC的行動。

混合戰是由「誰」發動

讓我們把話題從俄羅斯的混合戰概觀轉回克里米亞危機與烏克蘭東部衝突；透過這2場軍事行動，俄羅斯到底得到了什麼好處？

對俄羅斯而言，克里米亞危機成功把克里米亞納入俄羅斯聯邦，算是成果豐碩，但烏東衝突既沒有讓俄羅斯增加領地，看起來也沒有樹立穩固的親俄政權。然而，俄羅斯的戰略目的卻非取得領土或扶植穩定親俄政府，而是透過與鄰國烏克蘭持續保持衝突狀態與軍事緊張的方式，阻止烏國採取加入NATO或EU的「親西歐」路線。就當時而言，這點算是有成功的（至於2022年的全面入侵烏克蘭則留待後述）。

將時間往前回溯，蘇聯軍隊因冷戰結束與蘇聯解體而瓦解，之後的俄羅斯軍則因經濟混亂與停滯，導致實力大幅減弱。然而，以美軍為核心的NATO軍，卻在東歐諸國與波羅地海諸國加盟後，總兵力大幅增加。2021年時，俄羅斯軍的兵力編制約為101萬人，實際數目應該在90萬人左右。相對於此，NATO軍的兵力光是歐洲諸國就有大約185萬人，達到俄軍的2倍以上，如果再加上美國與加拿大，就有大約326萬人，遠超過俄軍的3倍。此外，由於俄軍不只必須顧及歐洲正面，在中亞與遠東等其他正面也必須配置兵力，因此差距又會進一步拉大。

雖然俄羅斯的常規兵力大不如西方陣營，但他們利用「在高度整合計畫下運用公然或非公然軍事、準軍事、民間手段」製造有利政局並且取得成功，卻是有目共睹的。

就這層意義來看,「混合戰」可以說是一種在軍事手段上位居劣勢的一方採用非軍事手段進行對抗的「弱者戰法」。

◆ 烏克蘭東部衝突──俄羅斯的盤算

透過在烏克蘭持續製造軍事緊張狀態,防止其靠向 NATO 或 EU。

常規戰力大不如 NATO 諸國的俄羅斯,以不直接行使軍事力的方式達成政治目的──避免烏克蘭加入歐美陣營──使用的手段被稱作混合戰。混合戰是弱勢陣營的打法,可說是一種「弱者戰法」。

俄羅斯是怎麼想的?

雖說如此,前面對於「混合戰」的敘述,主要是以西方陣營的角度為主(就連「hybrid war」這個辭彙,也是由英國國際戰略研究所提出,再反傳回俄羅斯的)。

那麼,俄羅斯本身又是如何看待混合戰的呢?

關於俄羅斯陣營的見解，西方研究者多會以俄軍總參謀長瓦列里 格拉西莫夫上級大將（1955年～）提出的「格拉西莫夫學說」為準。然而，這份文件卻不是什麼嚴謹的論文，只是把他在2013年於軍事科學院演講的內容整理成冊，西方陣營也稱其為「格拉西莫夫準則」。

格拉西莫夫的演講內容大致如下：
「21世紀，我可以看到戰爭與和平的分界變得越來越曖昧。戰爭不僅會在沒有宣告之下逕行展開，且也不會按照我們過去所熟悉的套路發展。依據發生在北非與中東的所謂《顏色革命》相關軍事衝突經驗，即便是繁榮興盛的國家，只消經過數個月甚至是數天，就有可能變成武力衝突擂台。它們不僅淪為外國勢力干涉的 牲品，且還會陷入社會失序、人道慘劇，甚至是內戰泥沼，這些都已實際獲得證明」

一般所說的「顏色革命」，指的是喬治亞（格魯吉亞）的玫瑰革命（2003）、烏克蘭的橘色革命（2004～05）、吉爾吉斯的鬱金香革命（2005），它們都是前蘇聯國家。然而，格拉西莫夫在演講中所指的，卻是2010～12年發生於中東和北非國家的動亂，也就是所謂的「阿拉伯之春」。他指出這些國家有些面臨長期政權垮台，有些陷入內戰狀態，甚至有的國家本身已瀕臨解體。

另外，2014年由俄羅斯國防部主辦的莫斯科國際安全保障會議，GRU總局長伊戈爾·謝爾貢（1957～2016）曾如下發言：
「以西方觀點來看，顏色革命是以非暴力手段推倒「非民主」體制，藉此推廣民主主義。（中略）然而，若以軍事角度分析發生在中東和北非的事情，卻會得到相反結論。軍事要素是顏色革命不可分割的成份，且這項要素與促使「革命」升級，乃至於在

國內引發衝突的所有階段都有關聯。

首先，聯合諸國運用潛在軍事實力，從空中公然施予壓迫，藉此顛覆它們不喜歡的政權。這種壓迫的目的，在於讓政府的武力機關無法恢復法理秩序。

接著，則是對政府軍展開軍事行動，並且給予叛軍政治、經濟援助」[※1]。

也就是說，俄羅斯認為阿拉伯之春（顏色革命）是西方陣營透過「組合軍事手段與非軍事手段行使的戰爭」。

事實上，有傳言認為「阿拉伯之春」根本是由CIA推動的政治工作，由美國在背後以非軍事手段操弄。

混合戰是誰先發動的？

2000 年代以降，前蘇聯成員國與阿拉伯諸國的民主化氣息高漲，接連打倒威權主義的政治體制。

也就是所謂的《顏色革命》

親歐美！

新政治！

反獨裁！

烏克蘭「橘色革命」

喬治亞「玫瑰革命」

吉爾吉斯「鬱金香革命」

中東地區
以突尼西亞的「茉莉花革命」為肇始，民主化運動逐漸波及周邊諸國。埃及、利比亞等國的政權垮台，敘利亞和葉門則爆發內戰。

與之關係甚深的利比亞和敘利亞陷入不穩定狀態，據說對俄羅斯帶來很大衝擊。

對於這一連串顏色革命（阿拉伯之春），俄羅斯是這樣看的——

顏色革命讓原本繁榮興盛的國家不消數日便化為戰場！

顏色革命根本就不是和平的民主化運動！

背後有西方陣營軍事力量支撐，藉此顛覆政權！

對政府軍的軍事行動

支援民主化運動（煽動反體制派？）

哎呀呀…

所謂顏色革命，其實是「西方陣營透過煽動民主化運動的非軍事手段，搭配軍事手段進行雙重壓迫，藉此顛覆國家的陰謀」。

也就是說，「是西方陣營先發動混合戰的」俄羅斯是這樣想的喔！

俄羅斯的危機感

除此之外，曾擔任俄軍總參謀長與俄羅斯國安會副秘書長的尤里·巴盧耶夫斯基（1947年～），在2014年發表的論文《軍事準則新思想》中有以下敘述：

「這些所謂非暴力行動、抗議、搞破壞的行為，最後導致國家發生什麼事情，大概只有瞎子和聾子才會視而不見、充耳不聞吧。只要想想在烏克蘭發生的事，就會明白了。利用國際非合法武裝勢力執行非暴力手段，是有可能顛覆現行國家體系、破壞國土疆域完整的。像這種事情，在俄羅斯也很有可能會發生」[※1]

也就是說，俄羅斯認為西方陣營在烏克蘭搞的事情（他們是這麼想的），在俄羅斯也有可能會如法炮製，因而心存警戒。

真要說起來，俄羅斯從1990年代開始便已經有「冷戰時代以美國為中心的西方陣營，總是散佈以蘇聯為中心的東方陣營負面形象，不僅煽動、支援反體制派，且還封鎖經濟，透過這類非軍事手段發動戰爭，導致蘇聯解體」這樣的認知。

除此之外，2010年代又爆發前述的「阿拉伯之春」與前蘇聯國家的「顏色革命」，使得這種認知又進一步強化。就俄羅斯的主觀認知來說，正如巴盧耶夫斯基所言，西方陣營意圖以「非暴力手段顛覆現行國家體系」，發動一連串顏色革命，破壞前蘇聯成員的「國土疆域完整性」。

有鑑於此，俄羅斯至今仍持續擔心西方陣營會像對付蘇聯那樣，對自己以非軍事手段發動戰爭（就西方陣營來看，這根本只是一種被害妄想）。

▚▜ 西方陣營對「俄羅斯混合戰」觀點的批判 ▚▜

　　像這樣，俄羅斯認為是西方陣營先一步「透過軍事手段與非軍事手段兩相組合發動戰爭」。然而，現實卻是俄羅斯先對烏克蘭發動「混合戰」這種新型態戰爭，這才是西方陣營安全保障相關人士的一般見解。

　　然而，針對「混合戰」這種觀點本身，卻也有出現批判意見。

　　真要說起來，組合軍事手段與非軍事手段的這種方式，從古早時代便已在使用。舉例來說，與軍隊表裡呼應的間諜與特務，在紀元前便已存在，並不是什麼新觀念；批判的人是如此認為。

　　進一步而言，過去蘇軍的軍事準則便是以「軍事－技術性」要素與「社會－政治性」要素構成，將軍事與政治（社會）視為一體。舉例來說，第二次世界大戰前的蘇軍1936年版《紅軍野戰教範》，第4章寫的並非直接軍事行動，而是政治工作（但內容是以針對己方官兵進行政治教育為主）。

　　也就是說，除了從以前開始便會結合軍事手段與非軍事手段加以運用，且特別是在俄羅斯，會傾向把軍事與政治視為一體，而這種想法也深植於現代俄羅斯軍人與政治人物心中——批判觀點是如此認為。基於這種想法的延長，會發動混合戰也是理所當然，並不是什麼石破天驚的革新戰爭型態。

　　然而，不管怎麼說，俄羅斯在克里米亞與烏克蘭東部巧妙結合軍事手段與非軍事手段加以運用是不爭的事實，西方陣營相關人士認為必須更進一步設法針對這種套路加以對應。

※1：引號內的文字皆擷取自小泉悠著《軍事大國俄羅斯》（作品社，2016）。

蘇聯時代的準則,除了技術性的軍事教育之外,也很重視思想、思考方面的「政治教育」。

蘇聯

軍事　政治

蘇聯／俄羅斯原本就把軍事和政治視為一體,因此會發動混合戰(融合軍事手段與非軍事手段)也是理所當然的事情。

column

◆ **俄軍全面入侵烏克蘭**

在本書寫到一半的2022年2月，俄軍開始對烏克蘭展開全面入侵，因此這裡也要稍微提一下（由於事態仍在進行中，因此只能基於執筆時能夠取得的資訊撰寫，敬請見諒）。

這次俄軍的入侵，並未看到大規模網路攻擊與電子戰有發揮什麼顯著成效。另外，開戰時也說不上有對烏軍航空基地與指揮通信設施徹底實施航空攻擊或長程飛彈攻擊，就開始發動包含空降作戰在內的大規模地面部隊進攻。光看這幾點，便可得知這次的入侵與其說是混合戰，還不如說是一種不徹底的正規戰（蒲亭總統稱其為「特別軍事行動」）。

接著，俄軍的大規模地面攻勢除了遭遇烏軍頑強抵抗，本身在後勤方面也有不少問題，因此除了剛開戰的時期，整體來說進展並不順利，且還在烏軍反擊下損失慘重。另外，在SNS等認知戰領域，俄羅斯展開的敘述手段也沒達成什麼理想成效。

這恐怕是因為俄羅斯的問題——執行大規模軍事作戰的指揮管制能力不足，相應準備也不足、烏克蘭的防備——2014年以降的這8年，強化了常規戰力與混合戰對策，以及來自西方陣營的支援，使得俄軍發揮的戰鬥力並不若西方陣營所想的那麼強大。

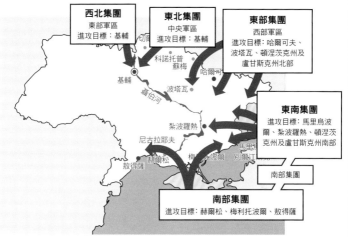

◆ 俄軍入侵烏克蘭（2022年2月）

西北集團
東部軍區
進攻目標：基輔

東北集團
中央軍區
進攻目標：基輔

東部集團
西部軍區
進攻目標：哈爾可夫、
波塔瓦、頓涅茨克州及
盧甘斯克州北部

東南集團
進攻目標：馬里烏波
爾、紮波羅熱、頓涅茨
克州及盧甘斯克州南部

南部集團

南部集團
進攻目標：赫爾松、梅利托波爾、敖得薩

基輔　切爾尼戈夫　科諾托普　蘇梅　哈爾可夫　波塔瓦　聶伯河　紮波羅熱　尼古拉耶夫　赫爾松　敖得薩　馬里烏波爾　梅利托波爾　別爾江斯克

製圖協助：藤村純佳

剛入侵時，俄軍甚至已逼近首都基輔，但在烏軍激烈抵抗下，攻勢遭受頓挫。
（photo：宮嶋茂樹）

■第3課總結

① 所謂混合戰，是透過結合軍事手段與非軍事手段的方式，進行更廣泛、更直接的戰爭。以2014年的克里米亞危機與烏克蘭東部衝突為契機，讓俄羅斯的這種新型態戰爭手法備受矚目。

② 近年的俄軍具備能在一定期間獨立行動的營級戰術群（BTG），並將之應用於烏克蘭東部衝突與敘利亞等處。另外，UAV也被廣泛運用於電子戰和網路戰，在烏克蘭東部衝突可以看到相當高階的電戰能力。

③ 俄羅斯在克里米亞危機與烏克蘭東部衝突中，對烏克蘭實施多樣化的網路攻擊與輿論操作，在虛擬空間（virtual domain）與認知領域（cognitive domain）都有發動作戰。此外，雖然檯面上不承認私人軍事服務公司（PMC），但卻公然將之用於軍事介入。

④ 混合戰所採取的違反國際法手段，會令自由主義陣營陷入對己不利的非對稱戰，西方陣營軍事相關人士因此將之視為重大威脅。

⑤ 俄羅斯在克里米亞危機成功將克里米亞迅速納入俄羅斯，算是成果豐碩。在烏克蘭東部衝突則成功阻攔烏克蘭親近西歐諸國。

⑥ 然而，俄羅斯卻認為「是西方陣營先結合軍事手段與非軍事手段發動戰爭的」。

第**4**課

多領域作戰

空地作戰的下一步

從混合戰到多領域作戰

前一課我們有談到，俄羅斯發動的混合戰以克里米亞危機與烏克蘭東部衝突為契機，讓西方陣營的安全保障相關人士對這種新型態戰爭手段投以大幅關注，且這對之後的西方陣營用兵思想也帶來頗大影響。

特別是美國陸軍，除了俄羅斯，為了對抗在亞太地區日漸崛起的中國，編寫了新準則「多領域戰」。接著，又進一步把它發展成「多領域作戰」，並且持續進行改良。

在最後這一課，就讓我們來談談美國陸軍的最新準則「多領域作戰」。

邁向多領域作戰之路

首先，讓我們來看看發展出「多領域作戰」的經過吧。

2014 年，俄羅斯在克里米亞危機與烏克蘭東部衝突發動混合戰，備受西方陣營軍事相關人士矚目（然而，一如前課所述，也是有人認為混合戰並不是什麼新玩意兒）。

2015 年，美國的勞勃 沃克國防部副部長在陸軍大學演講時表示，他認為若要戰勝具備精準導引武器、高階電戰能力與網路戰能力的敵人，必須要有空地作戰 2.0（新版空地作戰）。接著，美國陸軍於 2016 年宣佈他們已開始討論新的作戰概念「多領域戰」。2017 年，TRADOC（訓練與準則司令部）公佈一份名為《多領域戰：21世紀的聯合兵種部隊進化 2025 - 2040 Ver.1.0》

※1的準則。到了2018年，又發表了《多領域作戰的美國陸軍2028》※2。

也就是說，TRADOC是以「多領域戰」→「多領域作戰」的順序發展準則。

持續建立態勢的美國陸軍

美國陸軍為對應這套新準則，開始進行部隊實驗與編成。

具體來說，首先於2018年的環太平洋聯合演習（RIMPAC※4）中，投入以展開「多領域作戰」作為想定的「多領域特遣隊（MDTF※3）」進行實驗。第17砲兵旅（以自走火箭砲兵2個營為主幹）的HIMARS（高機動砲兵火箭系統※5）自夏威夷州考艾島的發射場向位於近海的靶艦發射反艦飛彈（挪威康斯堡公司的NSM）。

2019年，美國陸軍首支MDTF在美國本土西岸的華盛頓州劉易斯-麥克德聯合基地設置指揮部，開始進行活動。接著，在2021年，第2支MDTF於德國西南部威斯巴登郊外的盧修斯·D·克萊營區設置指揮部展開活動（美軍稱為「activation，成軍」）。

◆ MDO還在發展途中

MDO現在才要開始作！
MDO是一套仍然處於發展階段準則喔。它不僅還在經歷試錯，就連文件都只是「還沒料理的食材」，要讀這課之前請先理解這點喔！

仍處於發展階段的多領域作戰

　　雖說如此，美國陸軍整體態勢要有大幅改變，卻還得等上一段時間。目前（2021年底）不僅陸軍各部隊的詳細編制與戰術仍未確定，包含次世代裝甲車與航空器在內的主要裝備也都還沒到位。這些都要等到今後透過部隊實驗與演習、新裝備研發、進一步檢討準則並執行修訂之後，才會確定下來。也就是說，這套「多領域作戰」，目前仍有許多細節尚未確定，還處於「發展階段」。

　　因此，本課將會依據目前的最新準則《多領域作戰的美國陸軍2028》進行解說，這份文件提到的是近未來美軍用於交戰主軸的構想與態勢建立的方向性等。

　　然而，這份文件記載的構想與方向性卻都只是抽象概念，光只

看這些，應該很難想像美國陸軍的各部隊與裝備到底會如何具體應用。

另外，這份文件寫的東西也涵蓋各種相當廣泛的範圍。筆者讀了之後，除了會在事後察覺「那篇文字原來還帶有這種意思啊」，因而深有所感之外，卻也有很多地方只看一遍譯文很難了解它究竟想要表達什麼。

進一步來說（充其量只是筆者的個人感想），這份準則中的幾個概念、用來表現的語句、對記述內容的咀嚼與消化，應該還算不上是足夠成熟，這種狀況在文件當中四處可見。

有鑑於此，本課僅針對這份文件描述的概略構想與方向性，在入門者也能容易理解的範圍內進行解說，並補上應該可以作為參考的案例，盡量以較具體的形象說明近未來美國陸軍的作戰方式。

至於前述的較廣範圍涵意，由於很多部份對入門者來說實在是難以理解，因此會刻意捨棄不提。就這層意義來說，此課只能算是有點偏頗的概論，且具體範例也是由筆者獨斷補充，原文並未記載，關於這點敬請見諒。

前言寫得落落長，接下來就讓我們來看看美國陸軍的「多領域作戰」到底是怎麼一回事吧。

※1：《Multi-DomainBattle：Evolution of Combined Armsforthe 21st Century 2025 - 2040 Ver.1.0》可在 TRADOC 的官方網站瀏覽，請輸入以下網址。https://www.tradoc.army.mil/wp-content/uploads/2020/10/MDB_Evolutionfor21st.pdf

※2：《The U.S.Army in Multi-Domain Operations 2028》也能在以下網址瀏覽。
　　　https://adminpubs.tradoc.army.mil/pamphlets/TP525 - 3 - 1.pdf

※3：所謂特遣隊（task force），指的是依據各項任務臨時編組的部隊。

※4：由美國海軍主辦，每兩年一度以海洋戰力為主體的軍事演習。始於1970年代，由包含日本在內的環太平洋諸國軍隊與組織參加。

※5：HIMARS 相對於以往的 MLRS（多管火箭系統），體積較小、重量較輕，是一套能快速部署的火箭系統。

多領域作戰的大框架

「領域」是指實施軍事活動的場所。

太空

陸、海、空，以及太空等現實領域。

天空

陸地

海洋

思考

網路

晚餐占的是不是有點太多？

網路虛擬空間，以及人類思考的認知領域。

所謂多領域作戰，指的是在這些多重領域（multi-domain）從事各種同步協調作戰，藉此取得勝利。

何謂多領域作戰？

所謂「多領域作戰」，指的是「在多重領域執行各種作戰（複數）。

「多領域作戰」的「領域」，是指陸地、海洋、天空、太空等「場所」，以及網路等虛擬空間（virtual domain）。至於「多領域」則代表「複數領域」，複數形的「作戰」則相互具備關聯性（關於「相互關聯的作戰」，請參閱第1課）。

「競爭」與「武力衝突」

接著，讓我們來看看這套多領域作戰（以下簡稱MDO）準則的大框架。

這套準則的最大特徵，在於它不只像以往那樣依靠戰鬥達成某種目的，而是包含尚未發展至武力衝突階段的競爭，提及的範圍相當廣。換句話說，這套準則是對包含美軍與盟邦軍隊（以及警察等治安部隊）在內的夥伴，提示「在尚未達到武力衝突的階段與對手競爭的方法」，以及「依據需求以武力衝突擊敗敵人的方法」。

對此，這套準則會將武力交戰稱為衝突（conflict），尚未達到衝突階段的鬥爭稱為競爭（competition），以資區別。另外，武力衝突的敵人（enemy）與競爭的對手（adversary）也會加以區別。

也就是說，這就像是前一課所說的俄羅斯混合戰那樣，會透過軍事手段與非軍事手段在更廣泛的領域以更直接的方式從事戰爭。美國陸軍之所以推出這套囊括「武力衝突」與「競爭」2種概念的準則，就是為了與之對抗。

競爭與衝突

以往軍隊的角色是靠
「戰爭（武力衝突）」來打仗

要上場了！

然而，如今戰場已擴大至複數領域，美國與
其敵對國家即便沒有升級至戰爭，也會採取
各式各樣的手段來達成目的。

沒有要打仗嗎？

這全都是
美國在搞鬼！

非正規戰

那該怎麼辦…

政治宣傳

網路戰

為此，MDO 就針對作戰環境提出兩個概念！

衝突
也就是所謂的戰爭
狀態。

針鋒
相對

競爭
未達全面武力衝突的
對立狀態。

多了「競爭」這項包含非軍事手段的作戰環境喔。這可說是一套
用來對應像混合戰那種兼具軍事／非軍事手段的現代準則呢！

另外，它也一改以往
「戰爭與和平」的二元狀況認識，
而是提出「競爭、衝突、回到競爭」
這種迴圈型的狀況認識。

因為要消除對等大國之間的
對立要素，並沒有那麼容易
的說。

衝突

抑止

競爭

回到競爭

「抑止」事態升級，若不得不發展至
「衝突」，也要讓它回到對政治有利的
「競爭」——

這就是現代美軍所扮演
的角色喔！

今天就先這樣放妳一馬！

呵呵！

抑止「競爭」中的武力衝突

在MDO當中，首先要在「競爭」階段打破尚未發展至武力衝突的「對手」意圖，並且抑止爆發武力。

講具體一點，對於對手向盟邦夥伴展開的非正規戰與資訊戰（詳情後述）等，不能放任他們恣意妄為，而是採取積極對抗，擴大與對手競爭的空間。另外，也要蒐集對手的作戰模式與武器系統弱點等戰場情報，以及透過欺瞞方式對抗對手偵察，並隨時做好準備，在遭遇對手奇襲時能立刻將之擊退。

另外，在尚未發展至武力衝突的競爭階段，就要讓包含盟邦軍隊在內的我方全體做好準備，以在真的爆發武力衝突時，能迅速讓戰事走向利於我方，藉此抑止事態升級至武力衝突。

以往的美國，在決心發動武力衝突之前的階段，對於採取軍事威嚇（例如在對手國家附近部署大部隊）的行為，從國內公民意向與歷史角度來看，都有較強烈的迴避傾向。就這層意義來說，MDO的這種想法算是具有劃時代性。

在有利狀態下回到「競爭」

加以抑止之後，若還是發展至武力衝突，便要迅速擊退來犯之敵，以軍事上的成功創造政治上的有利狀況。如此一來，除了能夠抑止再度爆發武力衝突，也能重建該地區的安全保障態勢，以更有利於從前的狀態回到競爭（稱為再競爭）。

也就是說，MDO這套準則，雖然有寫如何在武力衝突時打敗敵人的方法，但那並非以完全打倒對手國家為目的，而是繼續回到競爭狀態（當然，重複幾輪循環後，最終還是有可能打倒對手國家）。真要說起來，想完全打倒像俄羅斯與中國這種擁有大量核

武、實力與美國在伯仲之間的國家，根本太過脫離現實。如果一個沒弄好，甚至有可能升級為全面核戰，導致所有人類滅亡。

　　既然如此，就算爆發武力衝突，也要設法回復到衝突之前的狀態，以更有利的狀態回到競爭，這樣的目標才比較現實。

美國陸軍所認識的作戰環境

③對於社會多樣化的現代民族國家來說，因為多樣化的緣故，使得國家意志變得難以貫徹。

反對！

NO!

NO!

贊成！

你是對的！我挺你！

人種、宗教、貧富差距，各種思想與價值觀的差異…「敵人」會設法煽動對立，企圖分裂國民喔！

④最後，中國與俄羅斯等大國就會再度崛起。

西太平洋已是囊中物！

那些傢伙正在挑戰國際秩序現狀！

對於擁有核武的傢伙，就算是美國也無法輕取勝利的啦！

MDO 想定的現代作戰環境

接著,讓我們來看看現在的美國陸軍是如何認識這套MDO所處的環境。在《多領域作戰的美國陸軍2028》第2章「新型作戰環境」當中,有以下敘述:(編號是筆者附加)。

①對手會在各種領域(all domains)、電磁頻譜、資訊環境當中進行鬥爭,令美國無法保證優勢。

②更小規模的軍隊,會增加殺傷力※1與活動性,於擴大的戰場爭戰。

③民族國家(nation state)在複雜的政治、文化、技術、戰略環境當中,變得很難貫徹國家意志。

④實力伯仲(near-peer)的國家之間,雖未發展至武力衝突,但卻更容易相互鬥爭,並且變得難以抑止。

那麼,就讓我們依序來細看這幾個項目吧。

戰場的擴大與美國喪失絕對優勢

在①當中,戰場擴大至各種領域(all domains)、電磁頻譜、資訊環境之後,美國的優勢便無法確實獲得保障──這呈現出2個現狀認知。

關於各種領域(domain),在前面已經有提過,至於在電磁頻譜(Electromagnetic Spectrum,EMS)的鬥爭,若要具體舉例,則包括通訊、雷達,或是操控無人機(UAV)所用的電波等,利用這些眼睛看不見的電磁波(電波也是電磁波的一種)進行電子戰與電子反制戰。

另外，在「資訊環境」的鬥爭，則是指對與競爭和武力衝突有關的人（包含當地居民與相關國家的一般民眾）給予會對思考、認知帶來影響的資訊，藉此進行爭戰。具體來說，會利用媒體與網路（SNS、影音網站等）發動心理作戰、由滲透的特務與政治人物進行政治宣傳活動等。若要講得專業一點，則會稱其為利用人類的認知領域（cognitive domain）進行作戰。

另外，對於這種與資訊有關的爭戰，會將對手與敵人從事的行為稱作「資訊戰」，包含盟邦與友好國家在內的己方活動則稱作資訊環境作戰（Infomersion environment Operasions，IEO），以資區別。

這套準則將現代戰場區分為陸、海、空、太空以及網路空間的各種領域（domain），以電磁波為對象的「電磁頻譜」，以及左右人們認知的「資訊環境」3大類別，將之並列記載。也就是說，MDO除了各「領域」之外，也會把電磁波與資訊滿天飛的空間，以及受資訊影響的眾人內心世界都視為戰場。

包含這些在內的擴張戰場概念，可說是把「空地作戰」的擴張戰場進一步發展的概念（關於「空地作戰」與「擴張戰場」，請參閱第2課）。

接著，MDO指出在這種「擴張戰場」當中，美軍的傳統戰力（陸海空軍）不一定能派上用場，無法保證以往優勢。

以小規模軍隊對抗大規模軍隊

在②當中，可看見提升殺傷力與活動性的小規模軍隊，會變得足以對抗大規模軍隊（包含以往的美軍）。

在前述的「擴張戰場」當中，除了新型砲彈（導引砲彈等）與飛彈之外，電子戰與資訊戰等多種能力也都縱橫交錯，增加戰場

上的殺傷力，小規模軍隊因此得以更發活躍主動出戰。

以具體例子來看，相對於配備大量戰車與裝甲車的大規模裝甲部隊，即便只有小股步兵部隊，只要擁有新型攜帶式反戰車飛彈，加上我方電戰部隊蒐集的電波情報，或是透過UAV取得的影像等資訊，便能看準敵軍空隙、機動發起奇襲，完全有辦法與之對抗（在這份文件當中，將這種事情描寫為前述的包含與擴展）。

民族國家的意志難以貫徹

在③當中，指出現代民族國家很難貫徹統一意志。

所謂民族國家，簡單講就是在特定地區以國族這個概念為基礎成立的國家。舉例來說，英國（正式名稱為大不列顛暨北愛爾蘭聯合王國）這個民族國家，自古以來便一直有著蘇格蘭獨立的問題。相對於此，卻也有像現代的歐洲聯盟（EU）那樣，打破以往民族國家窠臼組成的聯合政體。英國為了退出EU，輿論還出現大幅分歧。至於美國，則有發生唐納・川普前總統的支持者衝進國會大廈、霸佔議場的事件。有些人認為這起事件背地裡有人透過SNS在帶風向，且還有來自諸外國的干涉。

美國陸軍認為，民族國家所處的這種環境，以及老早就存在的政治、文化問題，在現代不論就技術、戰略而言，複雜性都增加許多。在這種環境當中，民族國家要貫徹統一意志會變得相當困難。2021年美軍自阿富汗撤退，便可說是範例之一。

提高國力，挑戰美國的中國、俄羅斯

在最後的④當中，指出實力不具壓倒性差距的國家之間，會發生未達武力衝突等級的競爭，而且很難加以抑止。

具體而言，在冷戰剛結束、蘇聯甫解體，中國經濟實力還不怎麼強的1990年代初期，美國可說是以遠遠超越他國的「唯一超大國」之姿君臨世界，因此比現在更能輕易抑止國家間的競爭。然而，目前中國已成長為世界第2大經濟體，國力逐漸變得能與美國抗衡。即便沒有爆發武力衝突，但與之前相比，卻更有辦法相爭，且難以抑止。

這份MDO，是美國陸軍在對世界現狀有著非常嚴峻的認識之下編寫而成。

附帶一提，這份文件有提到「此概念雖然將焦點放在對應中國與俄羅斯，但也同樣適用於其他威脅」。也就是說，除了中俄以外的國家，以及國際恐怖組織等，也都適用這種概念。

※1：原文的「lethal」在此翻譯為「殺傷力」，一般多譯為「致命性」。

俄羅斯與中國，以及美軍的現狀應對

「競爭」的中國與俄羅斯

美國陸軍在前述那種作戰環境中，對於對手與敵人的動向到底是如何看待的呢？講白一點，他們就是想要將戰場擴大，以圖使我方分離（stand off）。

這裡所說的「分離」概念，是包含在政治、時間、空間、機能上的「分離」。舉例來說，美國與盟邦在政治上的「分離」、某部隊與其他部隊在時間、空間上切割的「分離」、戰鬥部隊的戰鬥機能與後勤部隊補給機能的「分離」等，這些「分離」都算在內（另外，這應該也有暗示美國國內輿論分裂所造成的政治「分離」）。

接著，在尚未達到武力衝突階段的競爭狀態，俄羅斯與中國除了之前就已經在用的外交壓力、經濟制裁等貿易壓力之外，也會利用電視與SNS進行政治宣傳、對民生設施發動網路攻擊、以PMC進行非正規戰、部署彈道飛彈等長程武器或正規部隊、以演習進行威嚇等，令美國與其盟邦、友好國家的關係陷入不穩，製造美國在政治判斷與對應上產生延遲的「分離」狀態。

舉例來說，2014年的克里米亞危機與同年爆發的烏克蘭東部衝突，一如前課所述，不僅有PMC發動非正規戰，民生設施也遭到網路攻擊。另外，也有展開「基輔的臨時政府都只顧美國等諸外國利益」、「背後都是美國在搞鬼」等政治宣傳，俄羅斯公司還在SNS上刪除對基輔政變抱持正面態度的貼文，藉此削弱親歐美民主化勢力的影響力。

接著，結論就是「中國與俄羅斯認為他們可以透過這類競爭行為，在尚未達到武力衝突的階段便達成目的」。事實上，克里

競爭——想辦法進行分離

尚未達到武力衝突的
競爭階段——

敵人會以「stand off（分離、分斷）」的
方式，試圖削弱我國國力與戰力喔！

舉例來說，

分離與盟邦的政治、外交同盟

😎 美國大兵在我國白吃白喝
2022年X月X日
120分享 300讚

太可惡了！GO HOME

真是不可原諒！

我會給你經濟支援，
你就跟美國切八段吧！

今後美軍不准再
用我國港口。

增援呢
補給呢！

分離我方部隊的
空間、機能

米亞危機的時候，在未發生大規模武力衝突之下，克里米亞半島便逕自脫離烏克蘭，成功併入俄羅斯聯邦。

　光看這些敘述，便能感覺到美國陸軍的MDO有特別強烈意識到俄羅斯在競爭當中所發動的混合戰。

「武力衝突」的中國與俄羅斯

　至於在武力衝突方面，中國與俄羅斯則會透過配備反介入／區域拒止（Anti-Access／Area Denial，A2／AD）系統，達成物理上的「分離」。

　這個「反介入／區域拒止」，到底又是怎麼一回事呢？

　近年的中國解放軍，非常積極研製新世代戰鬥機、潛艦、整合雷達與地對空飛彈的防空系統、對地／反艦彈道飛彈與巡航飛彈等。除了藉此干擾敵軍戰力接近亞洲、西太平洋地區（反介入），也意圖阻止敵軍戰力進入中國近海，確保領域範圍（區域拒止）──諸外國的軍事相關人士是如此解讀，並取這兩個辭彙的字首稱其為「A2／AD戰略」[※1]。

　中國與俄羅斯透過這種A2／AD系統，在一開戰便迅速給予美國與其盟邦軍隊難以承受的重大損失，以圖在美國能夠有效對應之前，於數天之內達成作戰目標──美國陸軍是這樣認為的。

※1：然而，美國海軍卻因部份定義有些曖昧，因此不太常用「A2／AD」這個辭彙。

衝突——阻止美國介入

一旦爆發衝突，
就會靠A2／AD能力
Anti-Access（反介入）
Area Denia（區域拒止）
擋下美國的迅速對應喔！

我擋！

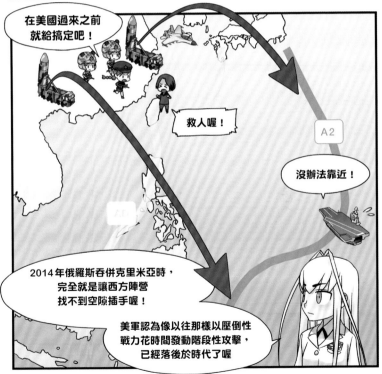

在美國過來之前
就給搞定吧！

救人喔！

A2

沒辦法靠近！

2014年俄羅斯吞併克里米亞時，
完全就是讓西方陣營
找不到空隙插手喔！

美軍認為像以往那樣以壓倒性
戰力花時間發動階段性攻擊，
已經落後於時代了喔

以往美軍的打仗方式

　　美國陸軍認為，對於中國與俄羅斯正在整備的Ａ２／ＡＤ系統，是無法靠以往態勢加以對抗的。

　　在此要回顧一下1991年的波斯灣戰爭作為例子。1990年8月2日，伊拉克軍入侵科威特之後，美國於5天後的同月7日決定派兵，以美軍為主力的多國部隊龐大兵力陸續投送至波斯灣地區。接著，戰端於翌年1月17日開啟。出擊次數約達9萬4000次的大規模航空攻擊先徹底擊垮伊拉克軍之後，地面部隊於2月24日開始進攻，28日便結束地面作戰。也就是說，這場戰爭花了大約5個月的時間進行準備，並持續執行航空攻擊超過1個月，最後才讓地面部隊進攻，僅僅5天便結束作戰。

（photo：U.S.Air Force）

目前美軍在構造上依舊像過去的波灣戰爭那樣，是為「靠壓倒性空軍與海軍航空戰力和巡航飛彈徹底打擊敵軍，然後再讓地面部隊進攻」這種連續性作戰而設計。然而，對於敵人意圖設法在數天之內達成作戰目標的現在而言，這種戰力態勢已經落後於時代。

透過MDO的這種敘述，可以感覺他們特別在武力衝突階段，有強烈意識到中國的A2／AD戰略。

◆ 波灣戰爭：從伊拉克入侵至停戰的時序

1990 年	
8月2日	伊拉克入侵科威特
	聯合國安全理事會通過第660號決議。對伊拉克發出無條件撤退勸告
8月6日	國防部長與沙烏地阿拉伯國王會談，允諾美軍進駐沙國
	部隊立刻開始推進至波斯灣，於沙國構築防衛態勢
	（「沙漠之盾」作戰）
11月29日	聯合國安全理事會通過第678號決議。通告伊拉克的無條件撤退期限為1991年1月15日
1991 年	
1月15日	伊拉克並未撤退。此時以美國為主的多國部隊已於波斯灣地區集結約60萬兵力
1月17日	多國部隊發動「沙漠風暴」行動。發動空襲
1月18日	伊拉克對以色列進行短程彈道飛彈攻擊
2月24日	多國部隊展開地面作戰（「沙漠之劍」行動），攻入伊拉克與科威特
2月28日	伊拉克宣佈接受聯合國決議。戰鬥結束
4月3日	聯合國安全理事會通過第687號決議。伊拉克於6日接受，停戰正式生效

column

◆ 美軍的戰力構成──聯合部隊／前沿部署部隊與遠征部隊

■聯合部隊──整合陸海空的組織

在繼續講下去之前，要先說明一下美軍的戰力構成；首先是聯合部隊（joint force）這個組織。所謂聯合部隊，是指跨越陸軍、海軍、空軍、陸戰隊等軍種框架，執行聯合（joint）行動的部隊。美國國防部的官方定義為：由1名聯合部隊司令官執掌指揮，由2個以上軍種作為構成要素的部隊。在現代美軍當中，有依照責任區構成的地理區分型聯合部隊，以及特種作戰與網路作戰等機能區分型聯合部隊，但基本上都能編組為聯合部隊。

舉個例子，在印度太平洋方面，有設置地理型聯合部隊「印度-太平洋司令部」。印度太平洋軍是以太平洋陸軍、太平洋艦隊、太平洋空軍、太平洋陸戰隊這4個主要構成為部隊基幹，其中太平洋陸軍是屬於印度太平洋軍這支聯合部隊底下的陸軍構成，大概是像這樣。

由於採用的是這種部隊編制，因此現代美國陸軍的準則，便是以陸軍各部隊作為聯合部隊的一部份，或是在盟邦軍隊或治安部隊等協助下展開作戰為前提所構成。

■前沿部署部隊與遠征部隊

另外，目前美軍用以應對武力衝突的實戰部隊，大致分為平時就駐紮於盟邦的「前沿部署部隊」，以及有事才從美國本土（包含夏威夷等處）派至現地的「遠征部隊」。

以前述的印度太平洋軍來看，指揮部位於沖繩縣宇流麻市的第3陸戰遠征軍（隸屬太平洋陸戰隊），與指揮部位

於韓國平澤市的第8軍（隸屬太平洋陸軍）等，都是屬於前沿部署部隊。

至於指揮部位於夏威夷州歐胡島的第25步兵師（隸屬太平洋陸軍），以及指揮部位於加州聖地牙哥郊外的第1陸戰遠征軍（隸屬太平洋陸戰隊）等，在必要時則會作為遠征部隊送往現地。

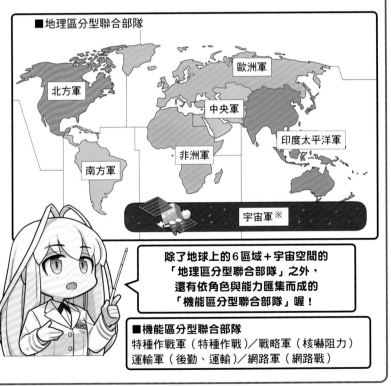

■地理區分型聯合部隊

歐洲軍

北方軍

中央軍

印度太平洋軍

非洲軍

南方軍

宇宙軍※

除了地球上的6區域＋宇宙空間的「地理區分型聯合部隊」之外，還有依角色與能力匯集而成的「機能區分型聯合部隊」喔！

■機能區分型聯合部隊
特種作戰軍（特種作戰）／戰略軍（核嚇阻力）
運輸軍（後勤、運輸）／網路軍（網路戰）

※：除了聯合部隊底下的太空軍（Space Command）之外，在2019年還有成立太空軍（Space Force）這個獨立軍種，兩者是不同組織，必須留意。

實施MDO的3原則

相互強化原則

《多領域作戰的美國陸軍2028》在第3章「MDO的實施」當中,寫出了陸軍展開MDO的3項基本原則,分別為戰力態勢調整[1]、多領域編組、匯聚。另位,這些原則被認為必須相互強化,且各自該如何實現會依指揮階層而異、為狀況所左右。

那麼,就讓我們依序來看看這3項原則的內容吧。

●戰力態勢調整
●多領域編組
●匯聚(convergence)

以下就讓我們依序
來解讀吧!

戰力態勢調整

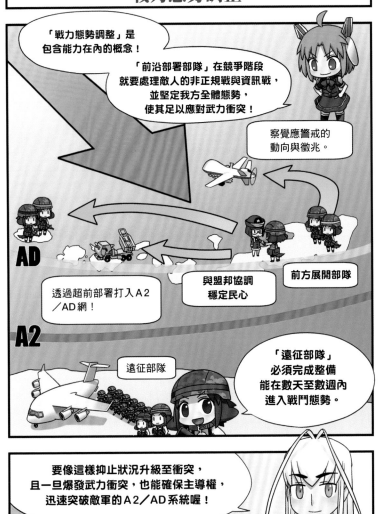

「戰力態勢調整」是
包含能力在內的概念！

「前沿部署部隊」在競爭階段
就要處理敵人的非正規戰與資訊戰，
並堅定我方全體態勢，
使其足以應對武力衝突！

察覺應警戒的
動向與徵兆。

AD

透過超前部署打入A2
／AD網！

與盟邦協調
穩定民心

前方展開部隊

A2

遠征部隊

「遠征部隊」
必須完成整備
能在數天至數週內
進入戰鬥態勢。

要像這樣抑止狀況升級至衝突，
且一旦爆發武力衝突，也能確保主導權，
迅速突破敵軍的A2／AD系統喔！

● 戰力態勢調整

何謂戰力「調整」？

首先，要從「戰力態勢調整」開始說起。MDO並非要將前沿部署部隊與遠征部隊這些現有戰力態勢整個砍掉重練，而是要對其進行調整（calibration）。

此份準則是如此下定義：「所謂戰力態勢調整，是指量能（capacity）、能力（capabilities）、就位置及戰略距離進行機動之能力的組合」。也就是說，「調整」指的不僅是「將某部隊部署於某處」這種物理上的位置調整，也包含各部隊所具有之量能與能力的分配等較廣泛的概念。

那麼，「戰力態勢調整」在競爭與武力衝突當中，又是要發揮怎麼樣的機能呢？

「競爭」時的戰力態勢

首先，在競爭當中，作為聯合部隊一份子的陸軍前沿部署部隊，必須要能對抗對手的非正規戰與資訊戰。除此之外，遠征部隊也要進行部署準備，依據狀況，包含盟邦軍隊在內的我方全體勢力，都要完成態勢整備，以便迅速應對武力衝突。如此一來，除了能夠抑止情況升級至武力衝突，一旦真的爆發武力衝突，我方全體也能掌握主導權。

在競爭階段，陸軍部隊會如此調整戰力態勢，以對達成聯合部隊整體目標做出貢獻。

「武力衝突」時的戰力態勢

接著，在爆發武力衝突時，於競爭階段便為武力衝突預作準備的部隊與能力便能迅速展開戰鬥行動。數日之內可以突破敵軍A2／AD系統，數週之內便能擊退敵軍。

也就是說，與前述波灣戰爭那種「花5個月時間準備作戰，持續進行1個月以上的航空攻擊，然後展開地面作戰」的戰爭打法相比，戰力態勢將會大幅進行「調整」。

前沿部署部隊與遠征部隊

接著，讓我們來看看「戰力態勢調整」後的前沿部署部隊與遠征部隊各自所扮演的角色。

前沿部署部隊必須對抗對手的資訊戰與非正規戰、支援盟邦治安部隊以穩定民生、準備面對武力衝突、掌握應警戒的對手動向與相關徵兆等情資。另外，也要在敵軍的A2／AD系統內側占位（占據位置），阻止敵人意圖將有利狀態化為既成事實的作戰。除此之外，還要展開心理作戰與特種作戰，即便與上級司令部的聯絡一時遭到遮斷，也要憑藉任務式指揮持續作戰（關於任務式指揮的詳情，會在後面說明）。

至於遠征部隊，如果花太多時間進行準備與部署，便會給予對手時間造成既成事實。為此，必須要能在數日至數週內進入戰鬥態勢。

此外，這份準則也有談到國家等級的能力。具體來說，包含CIA在內的諜報能力、偵察衛星與GPS衛星等太空能力、自美國本土航空基地飛至現地的匿蹤轟炸機等戰略航空部隊[2]在內。這些能力與部隊能用來補足前沿部署部隊與遠征部隊。

那麼，讓我們再次來說明一下任務式指揮吧。

所謂任務式指揮（mission command），一如第2課所述，是由19世紀普魯士陸軍的毛奇參謀總長正式引進的指揮方法。進行「任務式指揮」時，上級指揮官只會對下級指揮官以「訓令」形式下達整體「企圖」與必須達成的目標（mission）（因此也會稱作「訓令戰法」）。接著，下級指揮官受命之後，便要在上級指揮官的「企圖」範圍內，決定達成賦予「目標」的「方法」，並且加以實行。也就是說，對於現場的實施細節，已由上級指揮官將「權限」委任給下級指揮官執行。

有鑑於此，即便發生像前述那樣，離開本土的前沿部署部隊與上級司令部的通信遭到遮斷，暫時無法接受指揮管制的狀況，也能依據上級指揮官事前指示的整體「企圖」與必須達成的「目標」，在其範圍內展開自主行動。

這套在19世紀由普魯士陸軍正式採用的指揮方法，於21世紀由美國陸軍提出的MDO中依舊有其必要。

移交執行MDO所必須的權限

話題回到「戰力態勢調整」，這份準則在前述的「前沿部署部隊」、「遠征部隊」以及「國家等級的能力」之後，又將「權限」獨立出來成為一個項目，且對於使MDO變為可能的「權限」移交也有相關敘述。舉例來說，關於在網路空間與資訊環境進行活動的權限，不論是在競爭或武力衝突階段，都明白寫出「必須更早、更快將其賦予下級部隊」。

前一課也有提過，有人認為「阿拉伯之春」的背後有CIA在進行政治工作。然而，目前的美國陸軍卻沒有充份賦予在這種資訊環境作戰（IEO）中展開的權限。有鑑於此，將來勢必得要賦予更

低層級的部隊（例如構成前沿部署部隊的師或旅等）更多權限。

　　以上，就是「戰力態勢調整」大致上的內容。

　　若要做個總結──在競爭階段，前沿部署部隊必須一邊對抗對手的非正規戰與資訊戰，一邊整備好隨時能夠應對武力衝突的態勢。遠征部隊必須要能在數天至數週內進入戰鬥態勢，萬一爆發武力衝突，得在數天內突破敵軍Ａ２／ＡＤ系統，於數週內擊退敵軍。除此之外，也要將必要權限移交給下層部隊，以依靠任務式指揮繼續執行獨立作戰。

　　所謂「戰力態勢調整」，指的就是這種意義上的態勢。

※１：「戰力態勢調整」的原文是「Calibrated force posture」。「Calibrate」這個單字一般是指調整儀器與測量器具等，使其能夠發揮功能，因此多譯為「校正」。在軍事用語當中，它的語幹和代表砲管或槍管口徑的「Caliber」相同，「Calibration」則有「口徑測量」或「砲口校準」的意思。另外，火砲的原級校正射擊（用以修正每門砲個體差異的射擊）的英文也是「Calibration fire」。也就是說，「戰力態勢調整（Calibrated force posture）」這個辭彙，就跟調校砲管使其能夠對正目標進行射擊一樣，含有「將各部隊擁有的能力調整至能夠正確針對目標」的意思。

※２：截至2021年底，美國空軍唯一的匿蹤轟炸機部隊第509轟炸機聯隊，是隸屬於機能區分型聯合部隊「戰略司令部（Strategic Command）」構成要素之一的「全球打擊司令部（Global Strike Command）」麾下的第8航空軍。也就是說，美國空軍的匿蹤轟炸機部隊正如其名，是在執行戰略層級任務的聯合部隊麾下實施全球打擊。

多領域編組

①所謂「多領域編組」指的是具備橫跨多領域能力的部隊編成。

航空

太空

電磁波領域

例如賦予步兵部隊電子戰能力、
透過UAV帶來航空偵察能力、
連接衛星的能力等等。

具備多樣化能力之後,便可擁有
更強的韌性(resilience)。

在俄烏戰爭當中,星鏈衛星通信
網帶給烏克蘭軍屈居劣勢的指揮
通信能力很大的支持。

②「多領域編組」即便與上級部隊的持續性支援與聯繫遭到斷絕，也具備獨立行動能力喔！

上級部隊

任務型指揮的啦！

分離

敵人會想辦法分離（stand off）我軍，

所以必須建立長期分散也能作戰的戰力態勢喔！

企圖

③Cross domain fire 必須具備跨領域攻擊能力！

是敵司令部！

請求攻擊。

舉例來說，透過 UAV 發現目標，藉由衛星通信導引水面艦艇的長程巡航飛彈等火力，

「fire」不只是攻擊手段，也是包含偵察監視能力的概念喔！

● 多領域編組

實行MDO的部隊所需具備的能力

接著是「多領域編組」，這裡所說的編組（formation），簡單講就是部隊的編制，可將其理解為「多領域部隊」[※1]。多領域編組具有以下特徵：

① 為了發揮橫跨多個領域活動的韌性[※2]，具備相關能力（capabilities）、量能（capacity）、持久力（endurance）。

② 可獨立執行作戰。

③ 可實施跨領域攻擊（Cross domain fire）。

那麼，就讓我們依序來看看這些特徵吧。

橫跨多個領域的活動能力

首先是①，所謂的多領域編組，並非像「地面部隊就要在陸地上，航空部隊就要在空中」那樣只在單一領域（domain）活動，而是會像「地面、EMS（電磁頻譜）、網路空間」這樣，是擁有能夠橫跨多個領域（multi-domain）持續進行有效活動之能力、量能、持久性的部隊。

具體來說，會讓搭乘裝甲車的步兵部隊搭配對地或是防空飛彈部隊、電子戰部隊、網路部隊，再與具備補給能力與整備能力的後勤支援部隊組合構成。

獨立執行作戰的能力

②的獨立執行作戰，定義為「在沒有上級部隊持續支援下，於該戰區的戰役企圖範圍內，為達成賦予之任務（mission）目標，運用跨領域攻擊與作戰執行，持續保持能在特定空間內迅速集中戰力的能力，於長期分散狀態下執行作戰」。

講簡單一點，就是以前述的「任務式指揮」執行指揮，即便暫時無法獲得上級部隊支援，也能在長期分散狀態下從事作戰的部隊編組——為的是實現這一點。

跨領域攻擊

接著，讓我們來看看③的跨領域攻擊（Cross domain fire）。

舉個比較容易理解的例子；位處太空領域的我方偵察衛星，發現位於地面領域的目標（敵），從海上領域的艦艇發射巡航飛彈進行攻擊，大概是像這樣。也就是說，「跨領域攻擊」除了槍砲、飛彈這些攻擊手段之外，還包括ISR（情報、監視、偵察）能力。而ISR能力除了陸軍多領域編組原本就有的能力（偵察兵與小型無人機等）之外，還可能會取用偵察衛星這種國家級資產所蒐集的情資。

具備這些能力之後，便有辦法發動跨領域攻擊。

匯聚

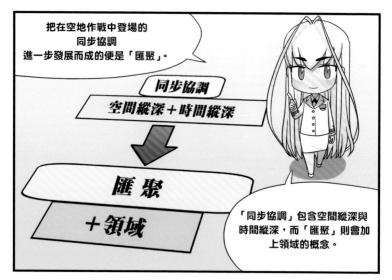

把在空地作戰中登場的
同步協調
進一步發展而成的便是「匯聚」。

同步協調
空間縱深＋時間縱深

匯 聚
＋領域

「同步協調」包含空間縱深與
時間縱深，而「匯聚」則會加
上領域的概念。

把橫跨多個領域的部隊與
機能全部「招過來！」
匯聚於一點！

喔喔 屋喔

讓我們到下一頁看
個例子吧！

147

● 匯聚

各種領域能力的整合（integrate）

最後，讓我們來說明「匯聚」。MDO是從目前的聯合兵種部隊（combined arms）概念發展而來，並推出匯聚這個新概念。

目前的聯合兵種部隊（例如各師、旅），是以裝甲部隊、步兵部隊、砲兵部隊、工兵部隊等各具不同機能與特徵的兵種組合構成，讓他們能夠截長補短，發揮綜合戰力。

至於在「空地作戰」當中，（一如第2課所述）則會讓某個時間點對敵發動的攻擊與之後執行的攻擊形成「同步協調」。像這樣的行動，在這份文件中是以「現在的聯兵部隊以執行跨領域整合解決方案的方式，達成一時之間同步協調的能力，稱之為匯聚」來表現。也就是說，「空地作戰」的「同步協調」雖然就廣義而言也包含「匯聚」，但基本上只限於地面這個「領域」。

相對於此，MDO則是在可以對敵發揮壓倒性優勢的決定性空間，也就是俗話說的「決勝點」，讓各種能力跨越多個領域進行「匯聚」。

若要舉具體的例子，在對敵國各地發電廠以巡航飛彈發動攻擊的同時，對送電網的重要控制系統執行網路攻擊，藉此切斷電力供給，且還對掌握受損狀況與應對災情的電力分配工作進行干擾。

這裡的網路攻擊，包括事先查找敵控制系統的弱點，與之後的巡航飛彈攻擊產生超越「時間」與「空間」的「匯聚」。另外，虛擬領域（virtual domain）的網路攻擊與物理領域的巡航飛彈攻擊，也都跨越各自領域進行「匯聚」。除此之外，在發動這種攻擊的同時，還可對衝突地區的居民進行政治宣傳，強調敵人的脆弱性，讓人們內心的認知領域能力也參與「匯聚」。由此

可見，所謂的「匯聚」，就是將各種領域、EMS、資訊環境的能力進行整合（integrate）的意思。

附帶一提，前述的「決定性空間」，定義為「在時間與空間（物理／虛擬／認知）當中，能夠讓跨領域能力的展開達到完全最佳化，藉此對敵構成顯著優勢，足以為作戰結果帶來大幅影響的場所」。也就是說，這個「決勝點」的概念，除了時間（timing）與物理上的場所（地點）之外，也包含虛擬空間與認知領域。

接著，這份文件則將「匯聚」描述為「以多種攻擊形態與跨領域發揮的加乘效果，讓壓倒（overmatch）敵人的效果達到最佳化」。這裡所說的「加乘效果」，指的就是後面要講的「跨領域協同」。

何謂跨領域協同？

前述的「匯聚」，是以並用各種能力的方式，迴避過度依賴特定手段，且增加敵人必須應付的要素，藉此讓反制手段變得複雜，使其更難應對。舉例來說，以偵察衛星或偵察機偵察敵軍地面部隊，讓攻擊機或地對地飛彈發動攻擊，再派出小型UAV或特種部隊去確認戰果，並出動長程火砲進行攻擊。

敵方為了反制這種作為，首先在偵察方面就必須一口氣設法對付偵察衛星、偵察機、UAV、特種部隊才行，在攻擊方面，則得應付攻擊機、地對地飛彈、長程火砲。因為這些偵察手段與攻擊手段，只要有其中一項存活下來，就能交相組合持續發動攻擊。

像這樣，各種「匯聚」會以層狀堆疊，不僅能提供我方指揮官更多選項，也能讓敵方的應對作為變得更加複雜。這種效果在此份文件當中稱為跨領域協同（cross-domain synergy）。

※1：「formation」這個單字一般是指是隊形或陣形的意思，在此則偏重解釋為包含人員、裝備在內的「部隊」編制與機能。

※2：所謂韌性是如同橡膠那樣，對其施加外力時會先柔軟承受，然後再恢復原本的形狀，指的是彈性與適應力的意思。

武力衝突的MDO

若無法抑止競爭階段發展至武力衝突，MDO又是如何擊敗敵人呢？在本課的最後，要簡單說明一下其概要。

借用這份準則的敘述，在武力衝突爆發時，要先穿透（penetrate）敵方A2／AD系統，瓦解（disintegrate）該系統的構成要素（敵部隊與裝備等），讓我方部隊得以自由運用進行擴張（exploit），藉此達成作戰與戰略目標，製造政治上的有利狀況。在這樣的過程中，會應用前述的「跨領域攻擊」，並且進行獨立運用。

那麼，就讓我們依序來看看穿透、瓦解、擴張吧。

「穿透」敵方A2／AD系統

首先，要穿透敵方A2／AD系統。從尚未發展至武力衝突的階段開始，便要為面對武力衝突預作準備，這在前面也有提過。接著，當武力衝突爆發時，首先要設法癱瘓敵軍的長程系統——具體來說，包括整合雷達、地對空飛彈的防空系統、短程彈道飛彈、長程多管火箭發射車等（並非擊毀，基本上是暫時使其失去功能）。如此一來，就能減輕我軍後方聯絡線受到的威脅，例如從美國本土出發，載運遠征部隊的運輸機與運輸船團，因此得以推進至衝突地區鄰近的機場或港口。

另外，前沿部署部隊也會推進至敵軍長程系統與中程系統（長程野砲或多管火箭發射車等）的射程之內，以拘束敵部隊（與敵之

151

能力），協助遠征部隊調動運用。

美軍將以這樣的行動來「穿透」敵軍Ａ２／ＡＤ系統。

「瓦解」敵方Ａ２／ＡＤ系統

接著，要切斷敵軍Ａ２／ＡＤ系統的構成要素（部隊與兵器、能力等），令其瓦解。

進到這裡之前，要先如同前述那樣擊毀敵軍長程系統，或是癱瘓敵軍中程系統，然後再展開「瓦解」敵軍中程系統的作戰運用。

這裡所說的「作戰運用」，指的是作戰層級（參閱第1課）上的運用，先誘出敵軍殘存中程火力，然後將之擊破，並拘束敵軍運用部隊，讓其陷入孤立。如此一來，我方的運用部隊就能具備較有利的戰力比，完成「瓦解」操作。

接著，利用「瓦解」的結果，我方運用部隊會進行占位，以能在「決定性空間」迅速展開，藉此擊敗敵軍。這些行動會與前述的「穿透」和後面要講的「擴張」重疊進行。

自由運用進行「擴張」

最後，為了達成戰略與作戰目標，必須要能自由運用進行擴張（exploit）。

完成前述的擊毀敵軍中程系統、癱瘓短程系統（包含戰車砲與步兵武器等）、調兵遣將擊敗敵方地面部隊之後，我方便能自由運用進行「擴張」。藉由「擴張」與兵力運用，可持續對敵Ａ２／ＡＤ系統進行「穿透」與「瓦解」，最終得以達成戰略目標。

只要在軍事上取得成功，便能在政治上製造有利狀況，再次

〔穿透〕
暫時癱瘓敵軍Ａ２／ＡＤ系統（防空系統與長程系統等），協助遠征部隊展開（戰略、作戰調動）。

〔瓦解〕
切斷敵軍Ａ２／ＡＤ系統構成部隊，並將之擊破，讓我方部隊得以進行作戰、戰術運用。

〔擴張〕
透過瓦解取得運用自由之後，進一步調派我方部隊進行擴張，達成戰略目標！

戰略目標

A2/AD

瓦解、穿透、擴張會重疊進行。

回歸至競爭狀態。

多領域作戰會持續更新

以上便是「多領域作戰」的解說。最後要再多說一點，這份《多領域作戰的美國陸軍2028》的開頭，有一篇TRADOC司令官史蒂芬·J·湯森德上將寫的序文。

文中寫道「就概念而言，這並不是最終解答。吾人會繼續進行作戰、演習、實驗，並從其他軍種、盟邦、夥伴，甚至是對手學習，讓此概念更為洗練、持續更新」。

也就是說，MDO從一開始就表明此份準則目前尚未完成，今後仍會持續更新。

■第4課總結

① 俄羅斯進行的混合戰，讓西方陣營的安全保障相關人士投以大幅關注，視其為新型戰爭手段，並對之後的西方陣營用兵思想造成很大影響。

② 美國陸軍除了俄羅斯之外，也把中國加入對抗範圍，編寫出「多領域戰」準則。接著，又將其發展成「多領域作戰」準則。所謂「多領域作戰（MDO）」，是指「橫跨多個領域的複數作戰」。

③ MDO準則是為了對抗像俄羅斯的混合戰那樣，透過軍事手段與非軍事手段以更廣泛、更直接的組合方式從事的戰爭，提示美軍與盟邦等夥伴如何在未達武力衝突的「競爭」階段與對手鬥爭，以及在必要時如何透過「武力衝突」打敗敵人。

④ 在「競爭」階段，必須設法抑止狀況升級至武力衝突，也要試圖打破對手意圖讓夥伴陷入不穩定或造成既成事實的行動。萬一真的爆發「武力衝突」，則要像後述的⑥那樣行動，占據作戰有利位置，達成對戰略有利的政治成果，以有利狀態回歸至「競爭」。也就是說，此構想的大框架是「競爭→武力衝突→競爭（再競爭）」這樣的循環。

⑤ 實施MDO時，是以「戰力態勢調整」、「多領域編組」、「匯聚」作為3項基本原則。

⑥ 在武力衝突時，首先要「穿透」敵軍Ａ２／ＡＤ系統，接著「瓦解」其系統構成要素，再透過自由運用進行「擴張」，達成戰略與作戰目標，創造政治有利狀態。

後記雜感

　本書解說從第二次世界大戰前持續應用至現代的蘇聯／俄羅斯軍作戰術、冷戰時代的美國陸軍「空地作戰」與美國陸戰隊的「機動作戰」，以及現代俄羅斯軍的「混合戰」和美國陸軍稱之為「多領域作戰」的用兵思想與準則。

　然而，其中的「多領域作戰」一如本文所述，目前仍在發展當中，今後也會持續變化。

　另外，關於專欄提及的2022年2月俄羅斯軍全面入侵烏克蘭，今後的展開也充滿不確定性，且不明要素相當多。

　即便如此，就現階段的解說而言，就算到了以後應該也仍具有價值。

　在理解今後可能會出現的新型用兵思想時，本書的內容應該會有所幫助才是。

田村尚也

漫畫戰略兵法 現代用兵思想入門

■文字
田村尚也

■漫畫
ヒライユキオ

■解説插畫
湖湘七巳

■封面設計協力
Mr.B

■俄羅斯軍用物資料協力
CRS@VDV、藤村純佳

■照片
宮嶋茂樹、名城犬朗

■設計
株式会社エストール

出　　　版／楓樹林出版事業有限公司

地　　　址／新北市板橋區信義路163巷3號10樓

郵 政 劃 撥／19907596　楓書坊文化出版社

網　　　址／www.maplebook.com.tw

電　　　話／02-2957-6096

傳　　　真／02-2957-6435

翻　　　譯／張詠翔

責 任 編 輯／陳鴻銘

內 文 排 版／謝政龍

港 澳 經 銷／泛華發行代理有限公司

定　　　價／360元

初 版 日 期／2023年12月